## C…杜邦
（…n）

作者：埃德加．愛倫．坡（Edgar Allan Poe）
初登場：莫爾格街兇殺案
（The Murders in the Rue Morgue）
發表年份：1841 年



故事簡介：
一對母女在住所被殺，儘管大廈內有很多人都聽到兇手的聲音，卻沒人聽懂他説甚麼，也不知道他是如何離開現場。直至杜邦在現場找到一根非人類的毛髮，得知兇手竟是……

## 小説世界的第一位偵探

《莫爾格街兇殺案》被公認為世界第一篇推理小説，主角杜邦順理成章成為小説世界裏第一位偵探。

這篇小説亦同時確立了一套推理公式，故事情節會隨着主角的思考方式或行動而展開，過程中會出現各種證據，引導讀者一同參與推理，直到最後一刻才解開謎團。

**推理公式　謎團→偵探登場→解謎**

# 角落老人（The Old Man in the Corner）

作者：艾瑪·奧希茲
（Emma Orczy）
初登場：芬雀曲街謎案
（The Fenchurch Street Mystery）
發表年份：1909 年

故事簡介：《觀察家晚報》女記者寶莉·波頓總是在法院旁的咖啡店遇見一位老人，她對於這位老人僅利用尋常新聞資料，就能解開警方無法偵破的謎案，感到不可思議。

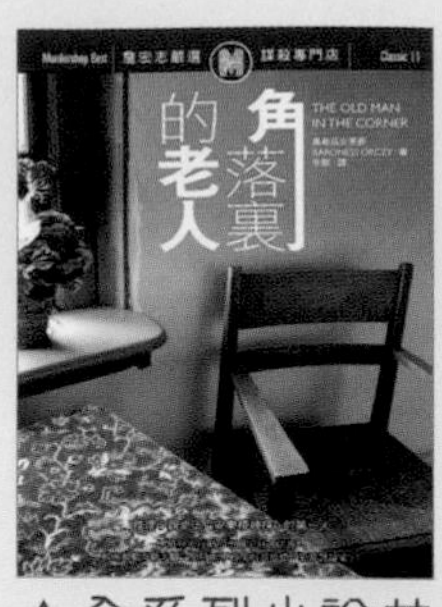

▲全系列小說共收錄了 12 個短篇故事，每個故事模式大致相同。

## 推理小說首位安樂椅偵探

無須到現場調查，足不出戶，只靠新聞報道或他人轉述線索，進行推理的偵探，稱為「安樂椅偵探（Armchair Detective）」。

角落老人是最早登場的安樂椅偵探，作者在整個小説系列從來都沒有提及他的名字和個人資訊。他每天獨坐在咖啡店的角落裏，吃蛋糕、喝牛奶、看報紙。雖然偶爾會去法庭旁聽，但主要還是依靠報紙的社會版新聞來推理案情。每次討論案情時，他總是不停玩弄手上的細繩，把它結起又解開。

他既不是警探，也不是私家偵探，純粹是因為個人興趣才推理。

## 其他安樂椅偵探

雷克斯·斯托特筆下的大胖子偵探，重達 123 公斤，喜歡喝啤酒、吃美食和照顧蘭花。基本上不會出門辦案，對外所有事務全由助手阿奇·古德溫負責。

阿嘉莎·克里斯蒂創作的女性偵探，常坐在安樂椅上織毛衣，偶爾也會到村裏散步，順便收集線索，在 P.11 會有詳細介紹。

# 約翰·艾文林·桑代克醫生
## （Dr. John Evelyn Thorndyke）

作者：理查 · 奧斯汀 · 弗里曼（Richard Austin Freeman）
初登場：紅拇指印（The Red Thumb Mark）
發表年份：1907 年
故事簡介：倫敦一家公司發生了鑽石盜竊案，警方在保險箱內發現一枚紅色拇指印，後來確認該指紋是屬於霍比先生的侄子諾伯。可是，桑代克醫生對證據的真實性和來源表示懷疑……

## 首創倒敘推理法

推理小說敘事方法有很多種，以下兩種較常用。

**傳統推理**
讀者和偵探在擁有同樣線索的情況下進行解謎，一同找出犯人。

**倒敘推理**
犯人身份和犯案方法在前半部已昭然若揭，後半部則着重推理過程，逐步剖析犯案經過。

創作倒敘推理小說不但要用大量科學理論來支持，又要求破案過程具真實性，所以寫得好的倒敘推理小說並不多。

## 運用微物鑑識辦案

桑代克醫生是推理小說史第一個科學偵探，他總是隨身攜帶一個方形綠色皮箱，內有顯微鏡、試管等實驗器材，方便他隨時在現場搜證和分析證據。

據說紐約市警察局也是看了弗里曼的桑代克醫生系列小說，才設立警察史上首個警用實驗室，負責犯罪現場之勘察採證，包括屍體、血液等生物證據和指紋、鞋印、工具痕跡等物理證據。

* 想知更多搜證方法，請參閱 64 期專輯「與福爾摩斯一起搜查犯罪現場」。

我也認識一位桑代克先生喔！小時候還跟他一起去查案。
原來他的原型就是弗里曼筆下的桑代克醫生。

# 布朗神父
## （Father Brown）

作者：G・K・卻斯特頓
（Gilbert Keith Chesterton）
初登場：藍寶石十字架
（The Blue Cross）
發表年份：1910 年
故事簡介：大盜弗蘭博偽裝成神父，打算伺機偷走布朗神父身上的藍寶石十字架。殊不知布朗神父早已看穿他的偽裝，不但暗中將十字架送到安全地方，還留下線索讓警方追蹤他們的下落……

布朗神父與杜邦、福爾摩斯並稱為「世界三大名偵探」，但名氣卻不如他們大。

## 平凡的神職偵探

作風低調又內斂，平凡得容易讓人忽略他的存在，加上丟三落四的迷糊個性，很難讓人將他與精明能幹的偵探聯想在一起。不過也正因如此，布朗神父總能隱藏在人羣中觀察每個人的表情、肢體和心理變化，然後運用敏鋭的洞察力和嚴密的邏輯推理能力來破案。

布朗神父認為心靈救贖比起法律制裁更為有效，與其逮捕犯人歸案，不如給他們懺悔和改過自新的機會。大盜弗蘭博就是其中一個被布朗神父感化的例子——改邪歸正成為偵探。

## 犯罪推理的先河

布朗神父不是靠推理破案，而是單純靠直覺推斷；也不關心指紋、腳印、血跡等物理證據，而是靠犯罪心理來破案。

指紋　鞋印　血跡　雪茄　彈殼　傷痕　毛髮　玻璃

他深信證據可以偽造、證言可以虛構，但人的行為模式卻難以改變，所以要代入犯人心理，揣測他們的行為模式，才能破案。

## 心證推理 V

**心證推理**

與嫌疑人交談或觀察行為舉止
↓
推理犯案方法和動機
↓
找出犯人

**代表人物**

觀察這四人的聊天姿勢，你知道誰在説謊嗎？

# 奧古斯都·凡杜森
# （Augustus S.F.X. Van Dusen）

作者：賈克·福翠爾（Jacques Futrelle）
初登場：逃出十三號牢房
（The Problem of Cell 13）
發表年份：1905 年
故事簡介：凡杜森教授與友人打賭，挑戰在不帶任何工具的情況下逃出死囚監獄。

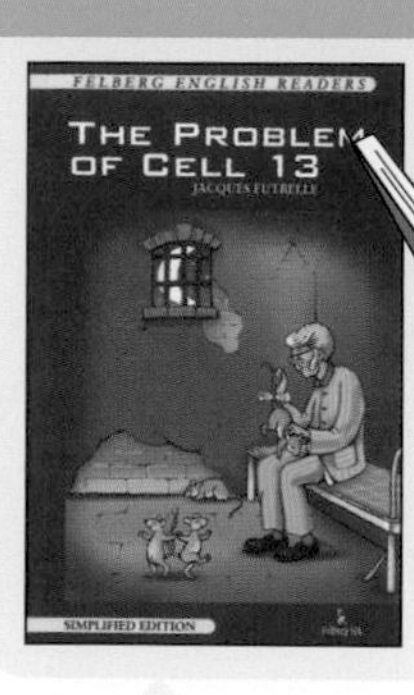

## 天才教授

全名奧古斯都·S·F·X·凡杜森，在他的名字後面還有一串縮寫字母：Ph.D（哲學博士）、LL.D（法學博士）、F.R.S（皇家學會院士）、M.D（醫學博士）、M.D.S（牙科碩士）等。那些都是不同教育及科學機構頒贈給他的榮譽頭銜，以表揚他的學術成就。

## 邏輯至上的思考機器

凡杜森教授深信「頭腦是一切事的主宰，沒有不可能的事」，就算是一個不會下棋的人，只要經過一連串的邏輯思考，都能擊敗任何西洋棋專家。為了證明自己的觀點，他用了半天時間學習西洋棋規則，最終在十五步內靠邏輯打敗了世界冠軍。

換言之，擁有敏銳直覺、精湛邏輯推理能力和優秀行動力的人，就能解決世界上所有的難題。

## S 物證推理

### 物證推理

在犯罪現場搜證 → 破解物理或化學詭計 → 推理犯案方法 → 找出犯人

代表人物

►在《㉒連環失蹤大探案》，福爾摩斯就是通過觀察，推理出多德的身份。

答案：
❶對聊天內容很感興趣，正專注聆聽。
❷有事隱瞞，試圖用小動作緩解不安。
❸代表心虛，怕說漏嘴。
❹代表敞開心扉，樂於與人分享。
所以說謊的人是②和③。

# 勒考克
## （Monsieur Lecoq）

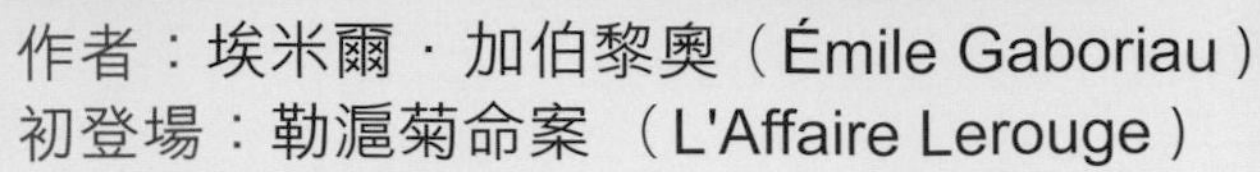

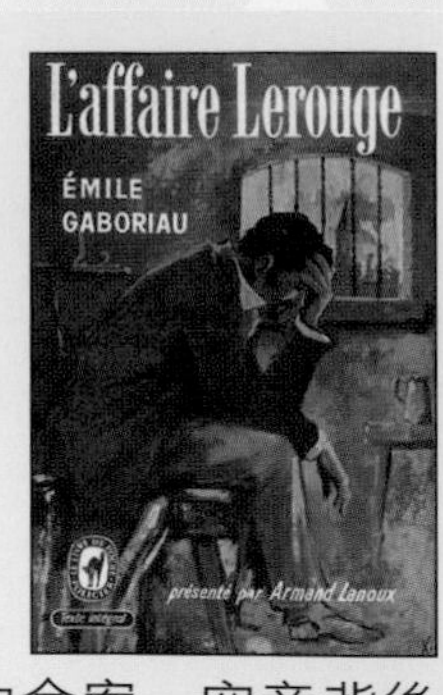


作者：埃米爾．加伯黎奧（Émile Gaboriau）
初登場：勒滬菊命案 （L'Affaire Lerouge）
發表年份：1866 年
故事簡介：寡婦勒滬菊被殺，現場一片混亂，兇手逃去無蹤。年輕警探勒考克發現這並非單純的命案，究竟背後隱藏着甚麼秘密？

## 法國偵探小説之父

加伯黎奧被譽為「法國偵探小説之父」。他的成名作《勒滬菊命案》1863年在報章刊登時並未受到關注，直至三年後再次刊登，才獲得廣大迴響，他也因此一舉成名。

《勒滬菊命案》取材自一宗寡婦被殺的新聞，曾任記者的加伯黎奧當時也有報道此案，後來他以此為藍本創作偵探小説。在小説中，他不僅清楚交代案發經過（根據他的推測），還描述了法國的司法和刑偵制度。

## 誰創立 世界第一間 私家偵探社？

是由法國人尤金．法蘭索瓦．維多克（Eugène François Vidocq）創立，其一生相當傳奇。

曾是通緝犯的他，自首後應警方要求當臥底，因表現出色，而被任命為警察。他在1812年協助警方成立巴黎犯罪調查局（法國保安局前身），有系統地建立一個犯罪檔案，記錄罪犯姓名、犯罪手法和慣用手段。直至1833年，他辭去了職務，創辦世界第一間私家偵探社——布雷奧克偵探社。

Photo credit : wikitimbres

▲這是法國郵政在 2003 年推出以「法國的小説人物」為題的首日封，圖為維多克，歷史上確有其人。

據説在維多克擔任局長期間，巴黎的犯罪率下降了40%。

我們來玩一個小遊戲。

你知道左邊的對白是哪位偵探的名言嗎？請配對並連結起來。

|  |  |
| --- | --- |
| ❶ 除去不可能之外留下的，不管多麼不合情理，那就是真相。 | 金田一一 |
| ❷ 真相永遠只有一個，犯人就是你！ | 夏洛克．福爾摩斯 |
| ❸ 躺在那裏思考，運用頭腦裏那小小的灰色腦細胞，你就會找到答案了！ | 江戶川柯南 |
| ❹ 我以爺爺的名義起誓。 | 赫丘勒．白羅 |

誰是金田一一？

日本漫畫《金田一少年事件簿》的主角，他的爺爺金田一耕助是日本家喻戶曉的名偵探。

# 金田一耕助

作者：橫溝正史
初登場：本陣殺人事件
發表年份：1946 年
故事簡介：大雪紛飛夜發生密室殺人事件，一對新婚夫婦被殺。名偵探金田一能否憑着武士刀、三指血手印和夜半琴音這三項線索解開密室謎團，找到兇手？

## 留學美國的日本偵探

身高只有五尺四寸（163cm），體重約十四貫（52公斤）。外表邋遢又不修邊幅，披頭散髮，和服總是皺巴巴的，經常被警察誤當成嫌疑犯。每當遇到棘手案件時就會搔頭，到揭曉案情時便會口吃，這樣傻頭傻腦的人，竟然破獲多宗殺人案，而被譽為昭和年代的福爾摩斯。

金田一年青時遠赴美國舊金山（即三藩市），因緣際會下破解了一樁離奇命案，而被當地日僑視為英雄。回國後，在東京開設偵探事務所，開業半年間乏人問津，直至連破數宗大案，聲名鵲起。

金田一耕助與明智小五郎和神津恭介，並稱「日本三大名偵探」。

答案：❶夏洛克．福爾摩斯 ❷江戶川柯南 ❸赫丘勒．白羅 ❹金田一一

# 赫丘勒·白羅
# (Hercule Poirot)

作者：阿嘉莎·克莉絲蒂（Agatha Christie）
初登場：史岱爾莊謀殺案
（The Mysterious Affair at Styles）
發表年份：1920 年
故事簡介：英國史岱爾莊園主艾米麗被毒殺，剛巧海斯汀上尉在此度假，於是邀請好友——退休比利時警探白羅協助調查。他發現莊園內的每個人都有嫌疑……

## 高齡名偵探

約 60 多歲的比利時退休警探，第一次世界大戰時逃難到英國，轉行做私家偵探。他那一口法語腔調的英語，經常被誤認為法國人。

## 外表

矮小又微胖，頭形彷若雞蛋，蓄有濃密的八字鬍，看起來自信又自負。

## 衣着

非常講究，堅持穿着名牌漆皮鞋，曾說過「寧可挨槍也不願意把衣服弄髒」。

## 推理手法

自稱安樂椅偵探，認為搜證工作應當由警方來做，所以不喜歡到現場搜證。

## 唯一在報紙刊登死訊的偵探

白羅辦的最後一案是在 1975 年，隨着案件落幕，白羅也與世長辭，當時《紐約時報》特別在頭版刊登他的死訊。虛構小說人物中能得此待遇者，唯有白羅一人。

**赫丘勒·白羅逝世**
**比利時名偵探**

*Hercule Poirot Is Dead;*
*Famed Belgian Detective*

By THOMAS LASK

Hercule Poirot, a Belgian detective who became internationally famous, has died in England. His age was unknown.

Mr. Poirot achieved fame as a private investigator after he retired as a member of the Belgian police force in 1904. His career, as chronicled in the novels of Dame Agatha Christie, was one of was one of the most illustrious in fiction.

At the end of his life, he was arthritic and had a bad heart. He was in a wheelchair often, and was carried from his bedroom to the public lounge at Styles Court, a nursing home in Essex, wearing a wig and false mustachés to mask the signs of age that offended his vanity. In his active days, he was always impeccably dressed.

Mr. Poirot, who was just 5 feet 4 inches tall, went to England from Belgium during World War I as a refugee.

Continued on Page 16, Column 1

Illustrated London News and Sketch, Ltd.
Hercule Poirot, painted in the mid-1920's by W. Smithson Broadhead.

Photo credit: The New York Times

## 阿嘉莎·克莉絲蒂的文學成就

她是繼柯南·道爾爵士後，第二位被冊封為爵士的推理小說作家。

## 謀殺天后

在任職護士和藥劑師助理期間學到各種毒藥知識，萌生創作推理小說的念頭。由於具備豐富和專業的毒物知識，她的作品中經常使用毒藥作為謀殺工具，如神經毒素馬錢子鹼、山埃、炭疽桿菌等。

只有男偵探，沒有女偵探嗎？

當然有。一位是白羅的好友瑪波小姐，另一位是福爾摩斯的妹妹。

# 珍・瑪波（Jane Marple）

作者：阿嘉莎・克莉絲蒂（Agatha Christie）
初登場：牧師公館謀殺案
（The Murder at the Vicarage）
發表年份：1930 年
故事簡介：人緣極差的博舍羅上校被發現死於牧師家的書房內，整個村莊的人似乎都有殺人動機……

## 文學史上少有的女性偵探

與白羅的形象截然不同，瑪波小姐是一個典型的鄉村老婦人，終生未婚。她原本住在倫敦近郊，後來才搬到聖瑪莉米德村定居。

深居簡出的她，親切又友善，興趣是園藝和織毛衣，由於她的外表並不符合多數人心目中的偵探形象，因此常被村民當作沒有常識的老小姐。然而，但凡見識過她推理的人，都對她的推理能力讚譽有嘉。

## 最佳偵查頭腦

瑪波小姐認為所有案件都與生活瑣事有關。

身為業餘偵探，她喜歡通過觀察和聊天（或聊八卦）找出蛛絲馬跡，一旦發現可疑，就會把記憶中的各種罪犯資料和特徵串連起來，從而推理出兇手。

**推理小說女王**

一生創作了六十六部小說、百多篇短篇小說和十七個劇本，《東方快車謀殺案》和《尼羅河上的慘案》等多部作品後來還拍成真人版電影。

**全球最暢銷作家**

作品被翻譯成超過 100 種語言，全球累積銷量逾 20 億冊，僅次於《聖經》和莎士比亞的作品。

《克莉絲蒂推理全集》/ 遠流出版

# 艾諾拉·福爾摩斯
## （Enola Holmes）

作者：南西·史賓格（Nancy Springer）
初登場：消失的侯爵 （The Case of the Missing Marquess）
發表年份：2006 年
故事簡介：母親失蹤，艾諾拉循着母親留下的線索，喬裝前往倫敦。不料途中意外被捲入侯爵失蹤案，還差點惹來殺身之禍……

## 福爾摩斯的妹妹

在柯南·道爾創作的「福爾摩斯」原始世界觀之中，福爾摩斯只有一個名叫邁考夫的哥哥，他是英國政府高級官員。除了他以外，福爾摩斯並沒有其他的兄弟姊妹。

由於福爾摩斯的偵探形象太過深入民心，他的故事不斷被改編，如厲河老師的《大偵探福爾摩斯》系列；又或是被二次創作，有加入新角色的青年偵探小說《天才少女福爾摩斯》的艾諾拉、電視劇《新世紀福爾摩斯》的尤莉絲，她們都是福爾摩斯的妹妹，但性格卻截然不同。

我的哥哥也曾出場呢。他的觀察、推理、邏輯思考能力，以及數學造詣都比我強。

Photo credit : Legendary / Netflix

聰明活潑又敢於冒險的少女偵探，言行舉止完全不像一個淑女。

Photo credit : Laurence Cendrowicz / Hartswood Films

家族中最聰明的人，自幼被關進精神病院的犯罪高手。後來，與莫里亞蒂聯手對付福爾摩斯。

# 真實世界中的名偵探——平克頓偵探社偵探

## 艾倫·平克頓（Allan Pinkerton）

蘇格蘭人，23 歲時移居美國芝加哥，在 1850 年創立「平克頓偵探社」。這是美國第一家私家偵探社，主要工作是受政府或企業委託，在西部地區追捕犯罪團伙。他們既可跨州辦案，又有逮捕權，權力不但比政府執法部門大得多，僱員人數甚至比美國陸軍現役士兵還要多。

十九世紀後期偵探社醜聞不斷，最終導致美國國會通過法案，以限制平克頓偵探的權力。

直到今天，平克頓偵探社依然存在，業務範疇不限於對受託事情進行調查和報告，還包括職前審查與背景調查、提供保鏢服務等。

▼由平克頓偵探社發出的懸賞通緝令。

PINKERTON'S NATIONAL DETECTIVE AGENCY.
FOUNDED BY ALLAN PINKERTON, 1850.
CHICAGO — NEW YORK, — PHILADELPHIA,
ATTORNEYS FOR THE AGENCY.

$5,000 Reward!

RICHARD SEAMAN SCOTT
FORMERLY PAYING TELLER OF THE
BANK OF THE MANHATTAN COMPANY
OF THE
CITY OF NEW YORK

FIVE THOUSAND DOLLARS REWARD!!

Photo credit: University Archives

## 凱特·沃恩（Kate Warne）

平克頓偵探社首位女偵探，也是美國首位女偵探，因成功破獲針對總統候選人林肯的暗殺計劃而享負盛名。

## 建立第一個犯罪數據庫

平克頓偵探以剪報方式蒐集罪犯資料，為他們建立犯罪檔案。每個檔案不但附有罪犯的照片，還詳細記錄其樣貌和身體特徵，這套標準後來被美國聯邦調查局（FBI）所採用。

P. N. D. A.　No.

NAME......George Parker.　No. 469 R
ALIAS......"Butch" Cassidy; George Cassidy; Ingerfield.
NATIVITY...United States.　COLOR......White
OCCUPATION............Cowboy; rustler
CRIMINAL OCCUPATION..........Bank robber, highwayman, cattle and horse thief
AGE......37 yrs (1902).　HEIGHT.....5 ft. 9 in
WEIGHT....165 lbs....　BUILD......Medium
COMPLEXION..........Light
COLOR OF HAIR..........Flaxen
EYES..........Blue.　NOSE..........
STYLE OF BEARD.....Mustache; sandy, if any
REMARKS:—Two cut scars back of head, small scar under left eye, small brown mole calf of leg. "Butch" Cassidy is known as a criminal principally in Wyoming, Utah, Idaho, Colorado and Nevada and has served time in Wyoming State penitentiary at Laramie for grand larceny, but was pardoned January 19th, 1896. Wanted for robbery First National Bank, Winnemucca, Nevada, September 19th, 1900 See Information No. 421.

Photo credit : Buffalo Bill Center of the West

### 小知識 美國俚語中的私家偵探

據説平克頓偵探社的宣傳標語「我們從不睡覺」（We Never Sleep）是源於凱特全程不眠不休地保護林肯而來的，其標誌是一隻睜大的眼睛，所以美國的私家偵探又被稱為 Private Eye。

# 小學生必讀的 STEM 知識月刊

已經出版，各大書店、便利店及書報攤有售！

也可到正文社網上書店購買。

隨書附送 大偵探福爾摩斯 精美卡牌 燙金特別版

正面

背面

也可當作書簽使用啊！

大偵探福爾摩斯科學鬥智短篇

## 魔犬傳說(2)

神秘警告信寄來、鞋子無故失蹤、被不明人士尾隨，矛頭直指將要繼承遺產的亨利爵士，大偵探如何應付？

## 數學偵緝室 護送證人之旅

福爾摩斯與華生乘火車護送污點證人，途中卻出現意外。二人能否完成任務？讀者看故事時也能一起思索謎題啊。

## 科學實踐專輯

教材版隨書附送

懸空水龍頭

探究水泵與供水系統。

## 科學DIY

教你造出立體聖誕卡送給親朋好友！

## 科學名人傳記

誰改變了世界？

孟德爾種植上千棵植物，以求解開生物繁衍的奧秘，奠定近代遺傳學的基礎！

## 益智漫畫

科學Q&A

小Q得悉南極受到破壞，與小松等人一探究竟。眾人從中講解南極的生態與重要性。

還有其他精彩內容，萬勿錯過！

# 大偵探福爾摩斯
SHERLOCK HOLMES
## 實戰推理短篇
## 黑色聖誕老人

厲河=原案／監修　陳秉坤=小說／繪畫
陳沃龍、徐國聲=着色

臨近聖誕，天氣變得愈來愈冷。猩仔走在**白雪紛飛**的街上，一邊從口中呼出一團團白氣，一邊低吟：「好冷……好冷啊……」

他頂着飛雪加快腳步跑回家去，一心只想着更衣後馬上躲進**被窩**中暖暖身子。然而，當他踏進家門，一個**巨大的身影**卻擋在他的面前。

「你又跑到哪裏玩耍了？」身影喝問。

猩仔定睛一看，原來是爺爺——**李船長**。

「我不是玩耍啦，我是去查案啊。」猩仔慌忙解釋。

「查甚麼案，你又不是警探。」

「哎呀，我可是**少年偵探團G**的團長呀。爺爺，之前報紙上刊出我的照片時，你不是也很高興嗎？」

「你要玩**偵探遊戲**我不管！」李船長把一張紙舉到猩仔的鼻子前，「但你考試老是不合格，我怎麼向你父母交代呀！」

看到那張**滿江紅**的成績單，猩仔指着上面的「10分」，**嬉皮笑臉**地說：「哈哈呵呵哈……不算太差啊……哇哈哈……你告訴爸媽，說只差一個0就100分，說不定，他們會很開心呢。」

「傻瓜！」李船長用煙斗敲了一下猩仔的**腦瓜子**，罵道，「再不好好讀書，聖誕節就休想得到禮物！」

「怎可以啊！聖誕節是**普天同慶**的日子，人人也會有禮物的呀！」猩仔慌了。

「你不知道嗎？好孩子才會收到紅色聖誕老人的禮物。」李船長一頓，突然以**陰森的語氣**續道，「嘿嘿嘿，但壞孩子的話，只會被**黑色聖誕老人**狠狠地教訓啊。」

「黑……黑色聖誕老人？那……那是甚麼？」猩仔結結巴巴地問。

「嘿嘿嘿，到時你就知道了。像你這樣不努力讀書的壞孩子，黑色聖誕老人一定會來找你的。」

「我……我不信！我不信！」猩仔被嚇得**一溜煙**似的跑進了自己的房間。

猩仔脫下衣服一扔，就鑽進被窩中。

「哇！好冷！」但冰冷的床單，也叫他打了個**寒顫**。

這時，掛在床頭的聖誕襪子闖入眼簾，他的腦海中忽然響起爺爺的說話：「**像你這樣不努力讀書的壞孩子，黑色聖誕老人一定會來找你的。**」

「嗚！爺爺太可惡了！竟然編故事**嚇唬**我，害我睡不着了。」

猩仔愈想愈怕，只好抓起被子，把整個頭也蓋起來。他在被子裏**哆嗦哆嗦**着，不知不覺就睡着了。不知過了多久，忽然，猩仔被嘈雜的聲音吵醒了。

「唔？」猩仔**朦朧**之間聽到有人在動他床頭的聖誕襪子。

「聖誕節還未到呀，聖誕老人這麼早就來了？」他心想。

猩仔「嗗咚」一聲吞了一口口水，壯着膽子從被子的縫隙中偷看，只見一個身穿黑袍的怪人，把手伸進他的聖誕襪子裏！

那人身形高大，在窗外射進來的**月光映照下**顯得異常陰森。猩仔嚇得差點叫出來，但幸好及時用雙手掩着嘴巴，沒有發出聲音。

「黑色……聖誕老人！是……**黑色聖誕老人**！」猩仔**瑟縮**在被窩中一動不動，「黑色聖誕老人知道我……是壞孩子，終於……來找我了！」

不一刻，那黑色聖誕老人在房間裏轉了個圈，就輕手輕腳地離開了。猩仔想起床去找爺爺，但身子卻**不聽使喚**，仍害怕得連被子也不敢揭開。他在被窩中縮作一團，只能抱着頭呢喃：「別怕別怕……我一定是在做夢……」

「對，一定是在做夢，只要睡醒就沒問題了。睡吧……快睡吧……」猩仔**自言自語**地安慰自己，慢慢地又進入了**夢鄉**。

第二天，猩仔以「少年偵探團G」的名義召開緊急會議，把夏洛克和馬齊達召集到豬大媽的雜貨店。

「**我被黑色聖誕老人盯上了！**」夏洛克和馬齊達甫一進門，猩仔劈頭就說。

「甚麼？」夏洛克與馬齊達不明所以。

「是……是黑色聖誕老人呀！」猩仔把昨晚遇到的事，**繪影繪聲**地說了一遍。

最後，他從口袋中掏出一張紙條，緊張地說：「我以為自己是在做夢，但今早起來，竟然在聖誕襪子裏找到這東西！」

夏洛克兩人湊過去看，只見紙條上寫着：

**謎題①**

這是一個對壞孩子的測試。如果你不想受到黑色聖誕老人的懲罰，就解答以下問題，並把正確答案放回聖誕襪子裏吧。

7+18=7　　12+21=6　　2?+12=9

問題：「?」是甚麼？

「這是**數學題**嗎？」馬齊達問。

「哈，看來黑色聖誕老人已認定你是壞孩子呢。」夏洛克**忍俊不禁**。

「別胡説！」猩仔為了掩飾不安，激動地反駁，「我……我是**好孩子**！」

「其實黑色聖誕老人是甚麼？」馬齊達又問。

「你不知道嗎？」夏洛克説，「黑色聖誕老人名叫**可內特·雷普特**（Knecht Ruprecht），相傳他總是穿着連帽的黑色長袍，手持一根長棍及裝滿灰燼的袋子。每逢聖誕節，他就會出動去教訓壞孩子。例如用盛灰袋拍打他們，又或用石頭、樹枝等廢物換走他們的聖誕禮物。」

「這麼可怕？」馬齊達被嚇得**心頭一顫**，「我沒遇過他，我應該是好孩子吧……？」

「我也沒遇過呀。」夏洛克**別有意味**地瞄了一眼猩仔，「但是……有人卻遇上了。」

「喂！甚麼意思？你説我嗎？我也是好孩子呀！只是……只是那個黑傢伙**無緣無故**地纏上我罷了！不要**説東説西**了，快來幫手解謎吧。」

「你不會算術嗎？」夏洛克斜眼問。

「我……我當然會算術！但7加18，怎麼可能等於7？一定是那黑傢伙故意**刁難**我！」猩仔說。

「的確，7加18是不可能等於7。」夏洛克想了想，「那麼你告訴我，7加18應該等於多少吧？」

「……23，是23吧？」猩仔搔搔頭答道。

「應該是25。」馬齊達小聲提醒。

「對！對！7加18是25！」猩仔連忙更正。

「哎呀，怪不得你會被黑色聖誕老人盯上了。」夏洛克沒好氣地說，「那麼**25和第一題答案的7有甚麼關連？**你又能否看得出來？」

「會有甚麼關連啊？」猩仔疑惑地問。

「呀！我好像想通了！」馬齊達說，「『？』會不會是**4**？」

「你答對了！」夏洛克**拍手讚賞**。

「答案是4嗎？」猩仔慌忙把答案寫下來。

「你抄下來就算了？不想知道怎樣計出來的嗎？」夏洛克問。

「哎呀，最重要的是那黑傢伙不要再來找我呀！」

「你老是這樣，才會被當作壞孩子啊。」

「別**囉嗦**了，答對就行啦！」猩仔**嬉皮笑臉**地說，「好了，我們去玩兵捉賊遊戲吧。我做兵！你們做賊！」

「每次都是你做兵，不公平啊！」夏洛克抗議。

你知道「？」為甚麼會是4嗎？不明白的話，可以在第28頁找到答案。

玩了一個下午，猩仔晚上回到家後，馬上就把寫有答案的紙條塞進聖誕襪子中。

「我照你的指示回答問題了，你就不要再來找我了。求求你，千萬不要來找我啊。」猩仔**念念有詞**地說，彷彿黑色聖誕老人就住在襪子裏似的。

吃過晚飯後，猩仔鑽進被窩中，很快就入睡了。

睡到半夜，忽然，「**咻**」的一聲響起，把他吵醒了。

「唔？誰放屁？」猩仔**矇矇朧朧**中嗦了一下鼻子，「是夏洛克？還是馬齊達？一定是夏洛克了。唔……**好臭**……！」

被臭氣熏醒後，他睜開眼睛看了看，發覺四周漆黑一片，**萬籟俱寂**。

「還未天亮嗎？」他揉着眼狐疑的時候，忽然，房門被打開了。

「啊……難道……那黑傢伙來了？」猩仔緊張得馬上瞇起眼睛裝睡。從眼簾的縫隙中看去，他隱隱約約地看到黑色聖誕老人的身影。

那黑色老人一步一步地靠近，猩仔被嚇得不禁**渾身哆嗦**。當他走到床邊後，忽然巨手一伸，拉起了被子！

「**哇呀！我死定了！**」猩仔急急閉上眼睛驚呼，卻又喊不出聲來。

然而，沒想到的是，老人竟然把被子輕輕放下，原來只是為他**蓋好被子**。

接着，猩仔聽到一些**窸窸窣窣**的聲響，聽起來像是紙張和布料的磨擦聲。不一會，一下輕輕的關門聲傳來，那個黑色聖誕老人已離開了房間。

「我明明已把大門**鎖好**了，他到底是如何走進來的？」猩仔靜待了一會，確定黑色聖誕老人不會回來後，馬上掀開被子翻身跳下床，**一個箭步**衝去把房門鎖好。

「襪子！他動過聖誕襪子！」猩仔立即伸手往襪子中掏了掏，掏出了一張紙條。

## 謎題②

你的數學看來進步了，接下來就測驗你的英語。不想被黑色聖誕老人纏上，就要多動腦筋了。

灰色格子連接起來就是一個英語單字，你懂得嗎？

| C | | | J | | | F |
|---|---|---|---|---|---|---|
| | | F | | | R | |
| | | | | | | |
| F | O | | | J | T | I |
| | P | | N | | | |

「甚麼呀？完全看不懂啊。算了，明天去問夏洛克他們吧。」猩仔搔了搔頭，**想也不想就放棄了**。

第二天一早，少年偵探團G的三名成員又聚集在豬大媽的雜貨店內。

「甚麼？黑色聖誕老人又出現了？」馬齊達驚呼。

「對啊，他還為我蓋被呢！看來他已知道我是個好孩子了。」猩仔**自賣自誇**地說。

「為你蓋被？」夏洛克詫異得**瞪大了眼睛**。

「對啊，不過他又留下了謎題考驗我們呢。」猩仔把寫着謎題的紙條遞上。

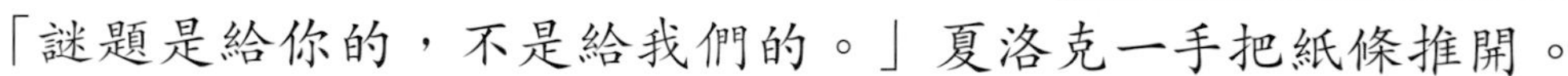

「謎題是給你的，不是給我們的。」夏洛克一手把紙條推開。

「嘻嘻嘻，都一樣啦。」猩仔吃吃笑地說，「我是偵探團的團長，**我的事就是你們的事啦**。」

「你老是把問題丟給別人，才會被黑色聖誕老人盯上呀！」

「嘿！別把話題**岔開**，難道你怕解不開謎題？」猩仔使出**激將法**。

「我怎會解不開？拿來吧！」夏洛克一手奪過紙條細看。

馬齊達湊過頭去看了看，說：「格子上有些英文字母，不知道與灰色的空格有沒有關連呢？」

「從上數下第4行，如是從左至右向橫看的話，就是**FO□□JTI**。」夏洛克**自言自語**，「唔……好像沒有這樣的英文單字呢。」

「哈！我知道了！那黑傢伙出錯題！」猩仔**自作聰明**地說。

「會不會是該縱向地看呢？」馬齊達問。

「這觀點很好。不是向橫看的話，就試試向縱看吧。」夏洛克口中**念念有詞**地說，「C……D……E……F……」

「D？哪有D呀？你瞎了嗎？」猩仔嘲笑。

「我知道答案了！」夏洛克靈光一閃，「**答案就是ENGLISH！**」

「甚麼？ENGLISH？」猩仔驚訝地問，「你怎知道的？」

「剛才不是說了嗎？因為是CDEFG呀。」

「甚麼CDEFG呀？」猩仔**鼓起腮子**不耐煩地說，「可以說清楚一點嗎？」

「馬齊達你明白嗎？」夏洛克問。

「你的意思……」馬齊達有點猶豫地說，「第二行……難道是LMNOP？」

「LMNOP？」猩仔想了想，**恍然大悟**地叫道，「啊，原來是這樣！哇哈哈！太容易了！我一看就明白了！」

「那麼接下來，你打算怎麼辦？」夏洛克問猩仔。

「這個問題嘛……」猩仔皺起眉頭說，「我想把答案放回襪子裏，但又怕他再給我新難題。這樣下去，不就**沒完沒了**嗎？」

「那麼，不如試試不回答。怎樣？」馬齊達提議。

「這個嘛……可是……」猩仔有點遲疑。

「你怕黑色聖誕老人會教訓你？」夏洛克**戳破**猩仔的顧慮。

「甚麼？我怕他？才不是！」猩仔立即反駁，「我**天不怕地不怕**，為甚麼會怕黑色聖誕老人呀！」

「那就試試不回答呀！」

「試就試！我猩爺會怕嗎！」

晚上，猩仔猶豫了一會，最終也沒把答案放回聖誕襪子裏。

他鎖好房門後，就坐在床上想：「哼！我今晚不睡，看看那黑傢伙敢不敢再來！」

猩仔努力地睜着眼睛，但每眨一下眼，他的眼皮也會**重得睜不開**，好幾次都幾乎睡着了。

「不行、不行！我不能睡！」猩仔用力拉長自己的面頰，想讓自己清醒過來，但眼皮始終不聽使喚，馬上又**塌下來**。

「對了！**挖鼻最提神**。」猩仔挖呀挖呀，還挖出鼻屎來數，「**一粒鼻屎、兩粒鼻屎……**」數着數着，卻慢慢地進入了夢鄉。

當他再次張開眼時，天已亮了，還看到爺爺那張大臉龐緊貼在自己眼前。

「哇！爺爺你幹嗎呀？」

「你怎麼**把手指插在鼻孔中睡覺？**」

「是嗎？哈哈哈，一定是我在睡夢中遇到難題了。」猩仔說着，使勁地拔出了一根鼻毛，當他張開嘴巴正想打出噴嚏之際，李船長**眼明手快**，馬上用煙斗往猩仔頭上一敲，及時制止了一場**噴嚏小風暴**的發生。

「你的朋友來找你，他們在外面等着。」

「新丁1號和2號嗎？」猩仔往窗外望去，看到夏洛克和馬齊達正站在門外。

「我要去碼頭一趟。你讓他們進來玩吧。」李船長說完，轉身就走了。

夏洛克和馬齊達還未坐下來，猩仔就問：「你們怎麼來了？」

「我做了一個**聖誕蛋糕**，想跟你一起分享。」馬齊達拿着一個蛋糕盒說。

「我們也想查清楚是否真的有黑色聖誕老人呀。」夏洛克說，

「你昨晚沒有交出答案吧？」

「沒有啊，我一直睜着眼沒睡，他一定是怕了我呢！」猩仔**自以為是**地說。

「你檢查過**聖誕襪子**了嗎？」馬齊達問。

「他沒來呀，還要檢查嗎？」猩仔往聖誕襪子裏掏了兩下，取出了一張紙條，「唔？這是？」

「是**謎題**，肯定是黑色聖誕老人又來了。」馬齊達說。

「哎呀！你一定是監視時睡着了。」夏洛克沒好氣地說，「紙條上寫甚麼？快給我看看。」

嘗試是很重要的。即使你解不通昨天那道題，也應該嘗試作答呀！

如果你比較擅長數學題的話，試試解開下面的聖誕樹謎題吧。

記住！不回答的話，會受到黑色聖誕老人的懲罰！

**謎題③**

☆等於甚麼數字呢？請於Ⓐ、Ⓑ、Ⓒ、Ⓓ中，選出正確的答案。

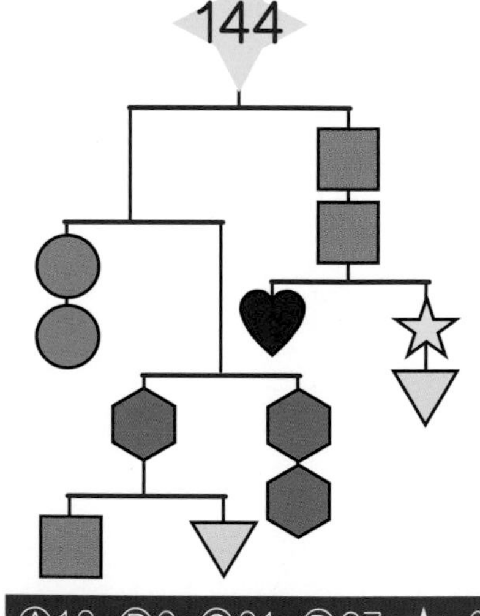


「黑色聖誕老人纏着猩仔不放，該怎麼辦啊？」馬齊達擔憂地問。

「先解開這道謎題再說吧。」夏洛克盯着謎題**思考片刻**，「唔……看來像一條算式呢。」

「算式？怎樣看也像掛着吊飾的聖誕樹，一點也不像算式啊。」猩仔說。

「我倒覺得有點像**天秤**呢。」馬齊達說。

「天秤？」夏洛克眼前一亮，「難道……是條**與重量有關的算式**？」

「即是怎樣？」猩仔問。

「你們看，樹頂的數字是**144**，下面就像一個兩邊平衡的天秤，即是說，左右兩邊各自的重量應是**72**。**如此類推**的話……」夏洛克走到書桌前，拿起紙筆計算了一下，「答案應該是D，即是27！」

「等等！你隨口就說出答案，人家怎知道你的答案是否正確啊！」猩仔投訴。

「計算過程全都寫在紙上，你自己看吧。」夏洛克把答案遞了過去。

猩仔接過紙條**死死地盯着**，不一會已盯得**臉紅耳赤**，彷彿把紙也看穿了。

夏洛克見狀大驚，一手搶過紙條說：「哎呀，別再想了！我怕你出**拉屎功**呀！」

「謎題已解開了，現在應該怎辦？」馬齊達問。

「還用問嗎？當然是陪我合力抓住那個黑傢伙啦！」猩仔**理所當然**地說。

「也好，我也想看看黑色聖誕老人是**何方神聖**。」夏洛克爽快地答應。

「可是……」馬齊達卻顯得有點擔心。

「不用怕啊！我們少年偵探團G一起出動的話，一定會**馬到功成**的！」猩仔**大言不慚**地叫道，已完全忘了自己躲在被下的那副**窩囊相**。

到了晚上12時，猩仔催促：「快！快！快！躲到床下面去，千萬不要張聲。那個黑傢伙來了，就**看準時機**抓住他的腳。」

夏洛克鑽到床下時，卻發現地上有很多紙張，於是問道：「咦？

這些是甚麼？」

「等等！不要看呀！」猩仔連忙阻止。

「啊？看來是學校測驗卷呢？怎麼**全都是不合格**的？」說時遲那時快，夏洛克已抓起幾張看了看。

「我……只是**一時失手**罷了！」

「這幾張也是**滿江紅**呢。」夏洛克撿起另外幾張說，「也是一時失手？」

「你們別管！快給我躲好！」猩仔搶走試卷，**老羞成怒**地說。

「哎呀，別吵了，抓黑色聖誕老人要緊啊。」馬齊達慌忙打圓場，「猩仔，你回到床上裝睡吧。」

接着，兩人伏在床底下，**屏息靜氣**地等待黑色聖誕老人的出現。

「**呼嚕呼嚕……**」不一刻，床上傳來了猩仔的鼻鼾聲。

「**豈有此理！**黑色聖誕老人還沒來，他竟然已經睡着了？」夏洛克正想爬出床底訓斥猩仔之際，卻聽到一陣**緩慢的腳步聲**從房門外傳了過來。

「**有人來了！**」馬齊達緊張地拉住夏洛克。

下一瞬間，房門被推開了。一對黑色的厚皮鞋一步、一步、一步的走近床邊。

接着，一陣衣物磨擦的聲音從床頭傳來。夏洛克兩人知道，黑色聖誕老人正在掏摸掛在床頭的聖誕襪子。

「嘿，答對了呢。」一個**沉厚的嗓子**自言自語，「肯**動腦筋**不就能解答了嗎？」

「看來不是壞人呢？」馬齊達在夏洛克耳邊輕聲說。

「對，出去看看吧。」夏洛克**翻身一滾**，就從床底滾了出去。

「**哇！**」黑色聖誕老人被嚇了一跳。

「你好！」夏洛克迅速站起來，向老人打了個招呼。這時，馬齊達也從床下鑽了出來。

「你們是……？」

「我叫夏洛克，他是馬齊達，是猩仔的朋友。」

「喔，我聽過你們的名字。」黑色聖誕老人脫下黑帽子說，「我是猩仔的爺爺。大家都叫我李船長。」

「我就知道是李爺爺。」夏洛克笑道。

「啊？你早已知道了？」馬齊達詫然。

「很**簡單的邏輯**啊。鎖好了門也能進來，又替猩仔蓋被子，除了同住的李爺爺還有誰？」夏洛克解釋道。

「你很聰明呢。」李船長笑問，「是猩仔叫你們來調查的嗎？」

「沒錯。」夏洛克說，「但你為甚麼要假扮黑色聖誕老人去考驗

猩仔呢？」

李船長看了看睡夢中的猩仔，**語帶感觸**地說：「我常常出海，沒時間好好教導他。最近他又沉迷玩偵探遊戲，測驗的**成績愈來愈差**，我看他頗在意黑色聖誕老人的傳說，就想用這個身份去**嚇唬**他，好讓他動動腦筋，好好學習。」

「可是，那些問題都是夏洛克解答的啊。」馬齊達**衝口而出**。

「真的？」李船長看了看夏洛克，夏洛克只好**頷首稱是**。

「喂！你給我起來！」李船長取出煙斗，就往猩仔的頭「**咚**」的一下叩下去。

「哇！天亮了嗎？」猩仔痛得從床上彈起。

他定神一看，見到夏洛克和爺爺三人站在床邊，不禁問道：「咦？爺爺？新丁1號、2號，你們不是替我抓黑色聖誕老人的嗎？」

「傻瓜！**我就是黑色聖誕老人呀！**」李船長說，「我給你的問題，全都是別人作答的嗎？你為甚麼自己不動腦筋？」

「我……我有動腦筋呀。」猩仔結結巴巴地說，「爺爺，你為甚麼要**扮鬼扮馬**嚇我呀！」

「還用問嗎？全是因為你沒好好學習呀！」

「哎呀，你嚇小朋友可不對呀，要不是我膽子大，早已被你嚇死了。」

「還敢駁嘴！」李船長拿着煙斗就往猩仔的腦瓜兒叩去。

「**哇！殺人呀！虐兒呀！慘絕人寰呀！**」猩仔一個閃身滾下床後大叫。

「豈有此理！還要亂叫！」李船長舉起煙斗追打。猩仔見狀慌忙在房裏**亂跑亂撞，好不混亂**。

「**吃蛋糕！**有蛋糕吃啊！」馬齊達**人急智生**，大喝一聲。

「甚麼？有蛋糕吃？」聞言，李船長馬上停了下來。

「有呀，在這裏。」馬齊達打開盒子，一個美麗的蛋糕展現眼前。

「哇哈哈！我最喜歡吃蛋糕了！」李船長**口水直流**，一手就抓起一塊塞進嘴巴裏。

馬齊達和夏洛克沒想到李爺爺會如此興奮，只能**呆立當場**。

「我也要！」猩仔也一個**箭步衝前**，抓起一塊就往嘴裏塞。

「唔……太好吃了！」猩仔兩爺孫一邊咀嚼着蛋糕，一邊**陶醉地讚歎**。

突然，房中響起「**咘**」的一聲，兩爺孫齊聲放了一個響屁。

「哇呀！好臭呀！」夏洛克和馬齊達**掩鼻大叫**。這時，他們才知道，**原來臭屁也是有遺傳的**。

## 謎題①

7加18等於25，將25分成2和5再相加，就會得到7。同樣地，12加21等於33，3與3相加後就會得出6。如此類推，就可知道？等於4了。

24+12=36⟶**3+6=9**

## 謎題②

正如夏洛克所説，第一個直行是CDEFG，第二行則是LMNOP，如此類推，很易看出答案是ENGLISH。

| C | L | E | J | G | Q | F |
|---|---|---|---|---|---|---|
| D | M | F | K | H | R | G |
| E | N | G | L | I | S | H |
| F | O | H | M | J | T | I |
| G | P | I | N | K | U | J |

## 謎題③

答案如下圖：因為兩邊必須平衡，可知第一道黑線的左右兩邊各是72。先計算左邊的話，就會得出■和▽=4.5。再推算下去，就會知道☆=27。

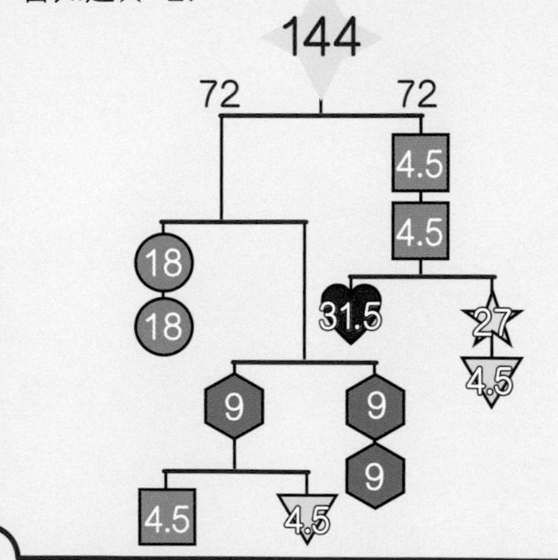

## 參加辦法

於問卷上填妥獎品編號、個人資料和讀者意見，並寄回來便有機會得獎。

想加入少年偵探團G，與猩仔和夏洛克一起解謎嗎？

### A LEGO 哈利波特系列 霍格華茲第一次飛行學 76395 1名

帶着飛天掃帚，齊來上胡奇夫人的飛行課。

### B 角落生物朱古力 & 軟糖製作機 1名

親手製作角落生物造型軟糖和朱古力。

### C 大偵探變聲器 2名

有 4 種變聲和 4 種特別音效。

### D Spy Code 鑽石大劫案 1名

能否在警察到來之前，取走鑽石並成功逃脫？

### E 兒童的科學 教材版第 165 期 機械新時代 1名

你想擁有一個二足步行機械人嗎？

### F 小偵探找圖遊戲 1名

根據提示卡片找圖案，收集最多卡片者勝出。

### G 5in1 腦力大挑戰桌遊 1名

五種經典益智遊戲，讓你愈玩愈聰明。

### H 哈利波特 3D 立體拼圖 1名

出發前記得到古靈閣兌換魔法幣。

### I 肥嘟嘟華生毛公仔 1名

肥嘟嘟的華生得意又可愛！

### 第 68 期得獎名單

|  |  |
|---|---|
| A LEGO 迷你兵團系列 Minion Pilot in Training 75547 | 鄭晞霖 |
| B 大偵探福爾摩斯53少年福爾摩斯 | 羅梓瑜 |
| C 木製保齡球玩具 | 陳栢逸 |
| D 森巴 STEM 第 1 至 3 集 | 方奕鳴 |
| E Kasaca Sports 弓箭組 | 潘恩言 |
| F 哈利波特 3D 立體拼圖 | 范語喬 |
| G 迷你兵團高爾夫球套裝 | Ho Hok Yin |
| H 角落生物白熊 USB 手指 | 鄧叡珈 |
| I LINE FRIENDS 座檯月曆 | 何君佑 |

截止日期 2022 年 1 月 14 日
公佈日期 2022 年 2 月 15 日（第 72 期）

- 問卷影印本無效。
- 得獎者將另獲通知領獎事宜。
- 實際禮物款式可能與本頁所示有別。
- 本刊有權要求得獎者親臨編輯部拍攝領獎照片作刊登用途，如拒絕拍攝則作棄權論。
- 匯識教育有限公司員工及其家屬均不能參加，以示公允。
- 如有任何爭議，本刊保留最終決定權。

第 66 期得獎者
黃志賢

巧手工坊 親子

# 大偵探福爾摩斯 SHERLOCK HOLMES 聖誕套娃

內含3個迷你聖誕套娃。每打開一次，就像拆禮物般充滿驚喜。

**製作難度：**★☆☆☆☆
**製作時間：**約 40 分鐘

掃描QR Code進入正文社YouTube頻道，可觀看製作短片。

## 所需材料

p.31、33紙樣

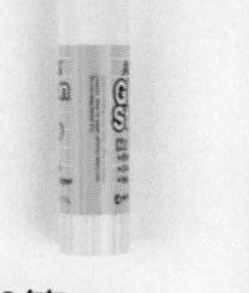

美工刀

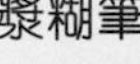

漿糊筆

*使用利器時，須由家長陪同。

## 製作流程 套娃

❶ 先做上半身。沿虛線壓出摺痕，塗漿糊黏好。

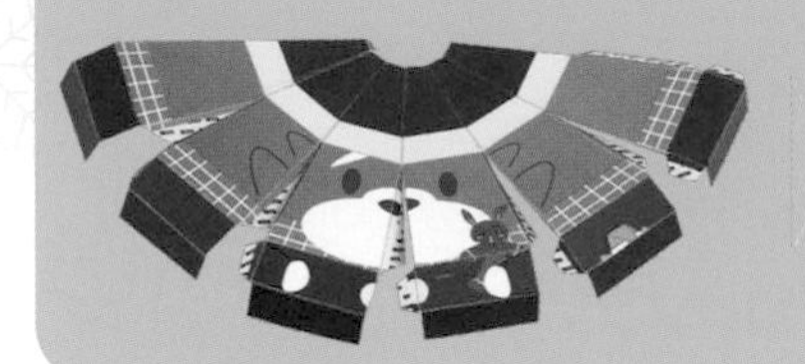

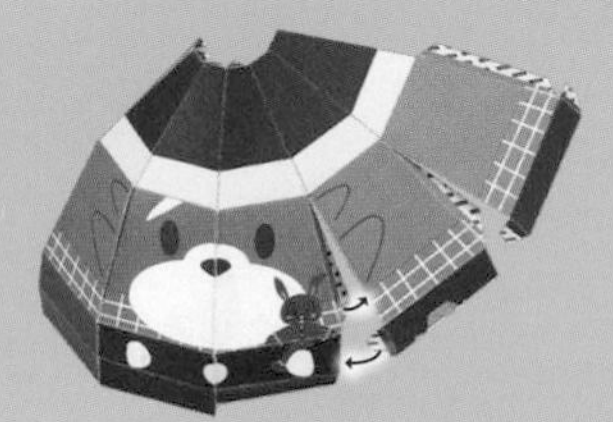

這部分也要黏好！

❷ 如圖摺帽頂後貼上。

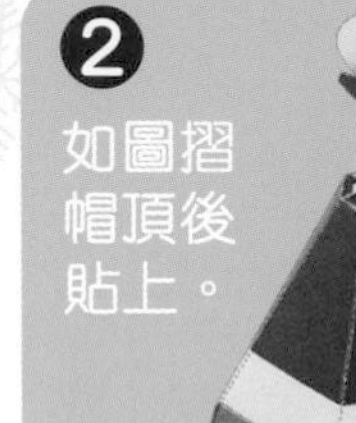

❸ 下半身摺法跟做法❶相同。

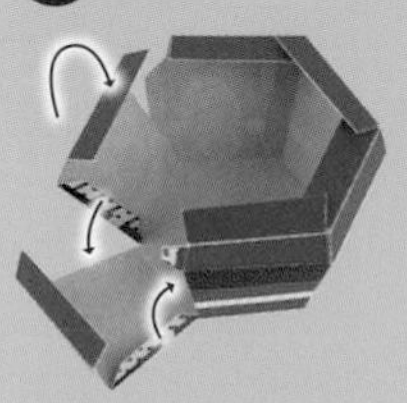

### 聖誕樹

❹ 沿虛線壓出摺痕，塗漿糊黏好。

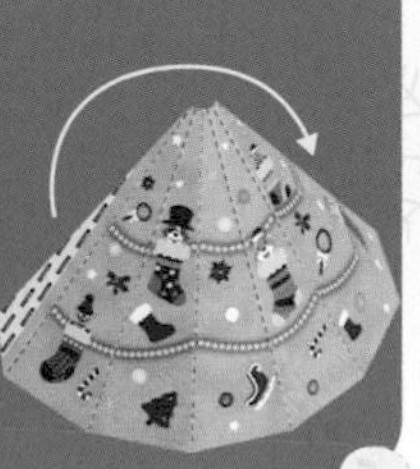

❺ 如圖摺星星後，沿線剪下，將星星插進聖誕樹頂。

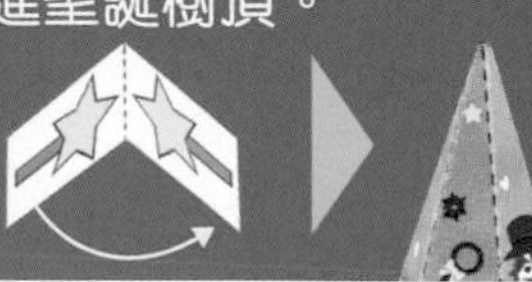

❻ 由小至大依次套疊。

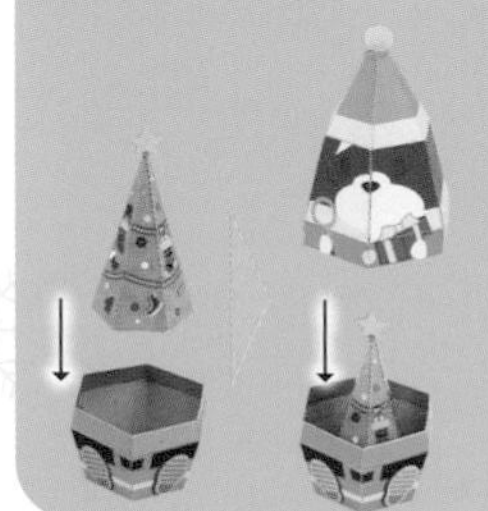

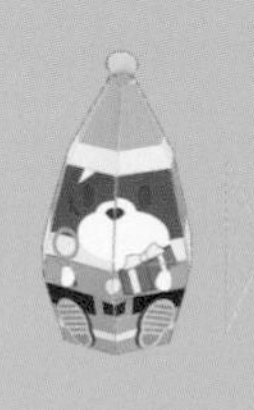

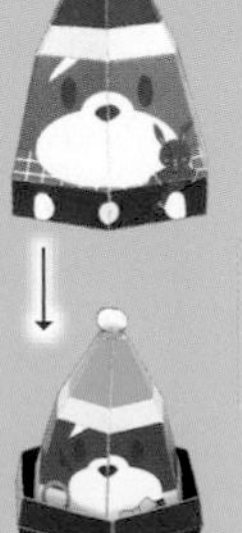

完成！

沿黑線剪下
沿虛線摺
黏貼處

大偵探
福爾摩斯
SHERLOCK HOLMES
大偵探
福爾摩斯
SHERLOCK HOLMES

專輯中介紹的10位名偵探各有所長，有的依靠直覺，有的蒐集證據分析。所以用自己擅長的方式做喜歡的事，才是最重要啊！

《兒童的學習》編輯部

魏子晴

讀者意見區 （希望刊登）
《兒童的學習》的主題愈來愈有趣，特別是鱷魚醫生，他很搞笑！
請評分(1-10)

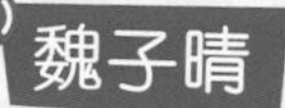

8分

有這麼有趣的鱷魚醫生，就不用怕看牙醫了！

浮板的密度比水低，所以能浮於水上。

鄭曉楠

超級超級 讀者意見區 希望得獎/刊登）
為甚麼浮板會浮起來？

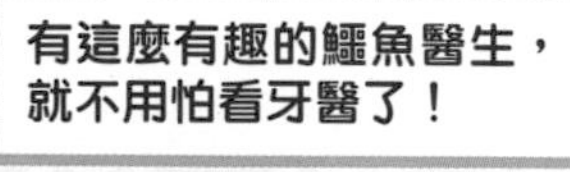

劉梓天

《兒童的學習 玩具大戰》是何時出的？

「玩具大戰」是第8期《兒童的學習》專輯，在2016年10月出版。

孔竣譽

為甚麼不可以將兒童的學習每年出版24期呢，即是每月出版兩期兒童的學習？

每月看一期《兒童的學習》不夠的話，可以來看《兒童的科學》啊！

別趁機宣傳自己的書啊！

梁紫晴

讀者意見區 致編緝部
可以下期或之後介紹福爾摩斯博物館嗎？看完《大偵探福爾摩斯》後很想更加認識福爾摩斯。（希望可以刊登）和接受我的意見
謝謝編緝部（第一次寄信）

輯 寄

《大偵探福爾摩斯 資料大全》中，介紹了福爾摩斯的角色、身處時代背景等資料，想更了解福爾摩斯就不要錯過啊。

高仲然

第6次寫信 讀者意見區 希望刊登！
森巴好恐怖
請評分(10-1000)

恐

850分

陳堅信

為甚麼被蚊子叮到會癢？

蚊子的唾液中含有蟻酸、抗凝血素及多種成分不明的蛋白質。被蚊子叮咬後，我們的免疫系統為了對抗這些外來物質而產生反應，令皮膚紅腫痕癢。

如果有任何疑問，也可寫在問卷上寄回來，教授蛋會為大家解答啊！

簡易小廚神

通識　親子

# 聖誕麵包薄餅

製作難度：★★☆☆☆
製作時間：約 40 分鐘

掃描 QR Code 進入正文社 YouTube 頻道，可觀看製作短片。

**薄餅是派對必備食品，你可有想過不用麵糰，不用焗爐也可自製美味薄餅？就趁聖誕臨近，嘗試做一個給家人品嚐吧！**

## 所需材料

1. 將方包切粒（約 2cm X 2cm）。

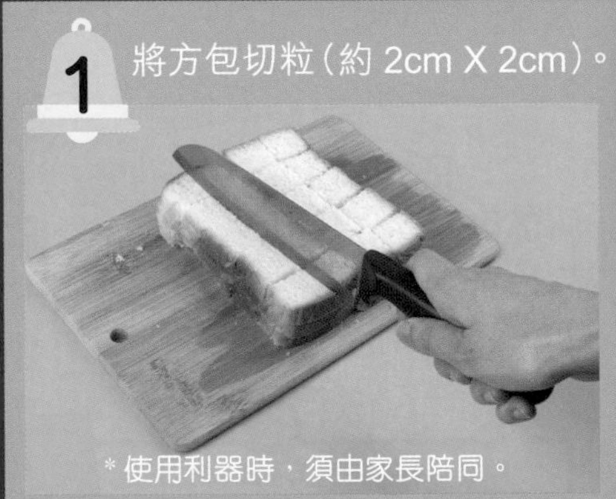

＊使用利器時，須由家長陪同。

2. 加入 2 隻已打勻蛋漿拌勻。

3. 燈籠椒切粒，香腸切片。

4. 中火熱鑊下油，放入蝦仁炒熟，下鹽及胡椒粉調味。

＊使用爐具時，須由家長陪同。

**5** 小火熱鑊，放入牛油煮溶，將麵包粒平均鋪滿鑊。

**6** 倒入另外 2 隻已打勻蛋漿。

**7** 加入茄汁及芝士碎。

**8** 鋪上所有材料。

**9** 再灑上芝士碎。

**10** 加蓋，約焗 5 分鐘。

**11** 將薄餅直接倒在碟上。

材料沒有規限，不過最好選用容易熟的食材。

## 薄餅盒裏的小支架

相信大家外賣薄餅時都見過這個小支架，這工具名為「Pizza Saver」，可防止剛出爐的薄餅放進盒子的時候，蒸氣使盒蓋變軟而塌陷壓着薄餅，已被紐約發明者申請專利。

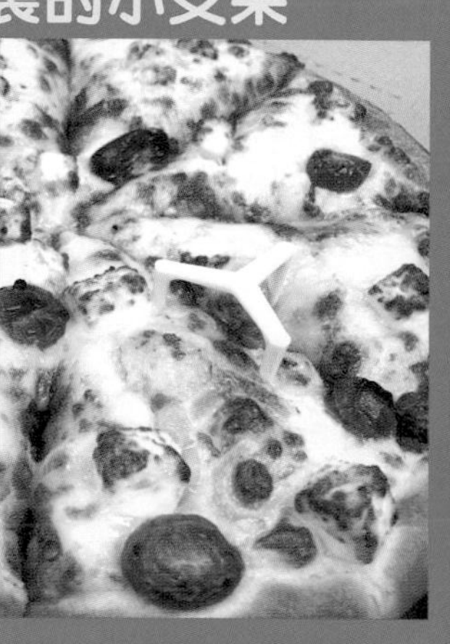

## 薄餅上的菠蘿

當大家吃夏威夷薄餅或其他新派薄餅的時候，都會發現菠蘿的蹤影。夏威夷薄餅並非出自薄餅發源地意大利，而是由定居加拿大的希臘人發明。

不過正宗意大利薄餅是絕不會加入菠蘿，除了認為薄餅不應該加入甜味食材，菠蘿的水分也會影響餅底質感。早前新冠疫情令意大利糧食短缺，超市食品一掃而空，唯獨夏威夷薄餅無人問津，可見意大利人是如何極力捍衛傳統飲食文化。

Photo credit: Ruth Hartnup

答案：
①可以，只是用牛油效果較香。
②芝士有多種，當中以馬蘇里拉芝士（Mozzarella，又名水牛芝士）質感最柔軟彈韌，適合用於薄餅，容易做出拉絲效果。

通識

我們每天進食不同食物，但對食的認識有多深？來做做以下的題目，看看自己答對多少吧！

## Quiz 1 即食麵的迷思①防腐劑

### 為何即食麵保質期那麼長？

即食麵可長時間保存，並非因為添加了防腐劑，關鍵在於生產過程。大部分即食麵經過油炸處理，高溫烹調不僅能殺菌，油炸後可去除麵餅水分，缺少水分，微生物便難以繁殖。

### 真正的傷身元兇是？

photo credit : Jason Lam

是調味料，粉狀調味料大部分都是高鹽，也可能含添加劑及防腐劑；而調味油為增加香氣，多加入動物脂肪，這些都會增加患心臟病、高血脂及高血壓等風險。

## Quiz 2 即食麵的迷思②時間

## 消費心理學

創出泡麵等待 3 分鐘的規則正是由即食麵發明者，有「即食麵之父」之稱的安藤百福訂立。

非 1 分鐘，也非 5 分鐘，其實這與麵質的軟硬及美味程度無關。相對於 1 分鐘，進食者要花長一點時間等待，在等待過程中會受香氣誘惑，增加食慾；但若要等 5 分鐘，時間太長會令耐性下降，而且習慣了香氣，進食時便失去那種驚喜。

所以安藤百福認為 3 分鐘是期待最高的時間，進食時會覺得分外美味。

## Quiz 3 即食麵的迷思③曲麵

### 曲麵的優點

#### ①容易烘乾

曲麵空隙較多，有助空氣流通，容易烘乾成型。

#### ②節省包裝空間及成本

曲麵比直麵面積小，可以減省包裝成本。此外，若用同一大小包裝袋，曲麵比直麵可裝進更多麵條，合符效益。

#### ③較不易碎

油炸後的麵雖然變脆，但彎曲的麵條結構增強了抗壓性，可減低運輸及保存時壓碎的機會。

#### ④不易黏在一起

直條麵在泡煮時容易黏在一起，而曲麵的麵條之間有空隙，除了不易黏結，水分容易游走於麵條之間，也可加快泡煮速度。

#### ⑤方便進食

無論用叉還是筷子，撈起直條麵容易滑走；而曲麵與餐具之間阻力較大，相對容易撈起。

**雖然今次沒有案件，猩仔他們仍然遇上解謎難題啊！除了謎題，你們還留意到當中的成語嗎？玩玩遊戲可加深對成語的認識啊！**

全天下的人共同慶祝。

# 普天同慶

「傻瓜！」李船長用煙斗敲了一下猩仔的腦瓜子，罵道，「再不好好讀書，聖誕節就休想得到禮物！」

「怎可以啊！聖誕節是**普天同慶**的日子，人人也會有禮物的呀！」

很多成語都與喜慶歡欣有關，你懂得以下幾個嗎？

皆大□□
人人都高興滿意。

□□洋洋
充滿歡樂的神色或氣氛。

張燈□□
懸掛花燈，繫上彩帶，形容喜慶景象。

□□之樂
指家人歡聚一堂的樂趣。

# 忍俊不禁

「哈，看來黑色聖誕老人已認定你是壞孩子呢。」夏洛克**忍俊不禁**地說。

「別胡說！」猩仔為了掩飾不安，激動反駁，「我……我是好孩子！」

① 忍俊不禁
② 招
③ 馬 瞻

右面是一個以四字成語來玩的接龍遊戲，你懂得如何接上嗎？

❶無意中透露自己做了壞事或有壞的意圖。
❷比喻組織或擴充人力。
❸指服從指揮或跟隨他人進退。

# 馬到功成

「可是……」馬齊達卻顯得有點擔心。

「不用怕啊！我們少年偵探團G一起出動的話，一定會**馬到功成**的！」猩仔大言不慚地叫道，已完全忘了自己躲在被下的那副窩囊相。

與「馬」字有關的成語有很多，你懂得用「行空、看花、蛛絲、青梅」來完成以下句子嗎？

①雖然他倆小時候是□□竹馬的玩伴，但長大後便沒聯絡了。

②這個旅行團行程非常緊密，每個景點都像走馬□□般。

③鑑證人員正在現場搜查，看看犯人有否留下□□馬跡。

④雖然只是天馬□□式的構想，但很有創意。

# 慘絕人寰

「哇！殺人呀！虐兒呀！**慘絕人寰**呀！」猩仔一個閃身滾下床後大叫。

「豈有此理！還要亂叫！」李船長舉起煙斗追打。猩仔見狀慌忙在房裏亂跑亂撞，好不混亂。

很多成語都跟悲慘情況有關，右面五個全部被分成兩組並調亂了位置，你能畫上線把它們連接起來嗎？

| | |
|---|---|
| 呼天 ● | ● 忍睹 |
| 悲從 ● | ● 淒涼 |
| 滿目 ● | ● 哀鳴 |
| 慘不 ● | ● 搶地 |
| 鴻雁 ● | ● 中來 |

答案：
普天同慶 皆大歡喜 喜氣洋洋 張燈結彩 天倫之樂
馬到功成 青梅竹馬 走馬看花 蛛絲馬跡 天馬行空
忍俊不禁 不打自招 招兵買馬 馬首是瞻
慘絕人寰 呼天搶地 悲從中來 滿目淒涼 慘不忍睹 鴻雁哀鳴

# 語文題

## ❶ 英文拼字遊戲

根據下列提示，在本期英文小說《大偵探福爾摩斯》的生字表（Glossary）中尋找適當的詞語，填上空格。

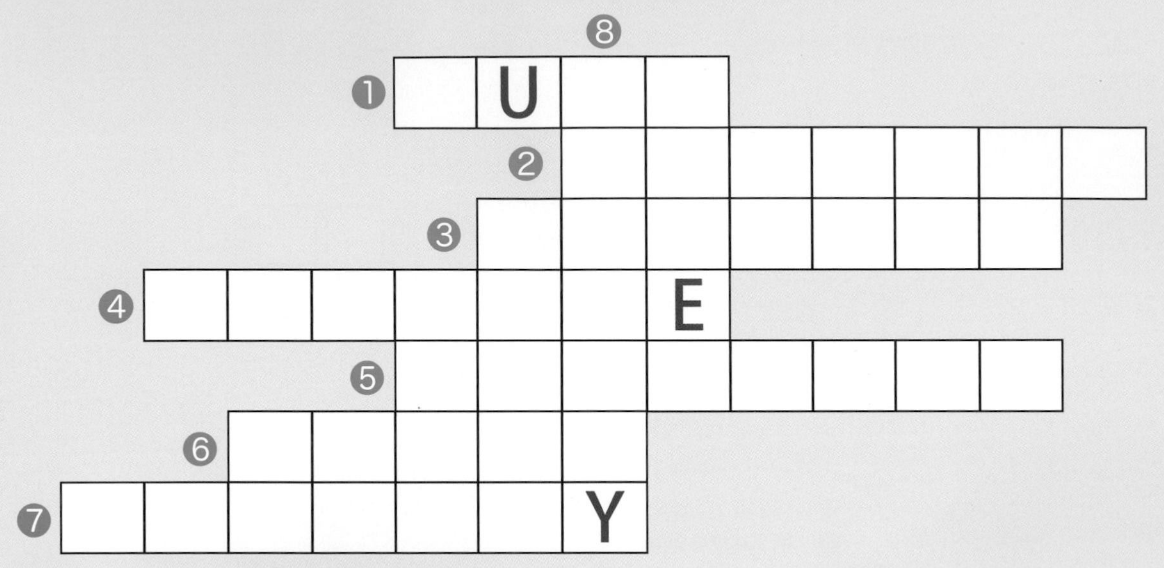


**橫排**

1.（動詞）夾着、塞進
2.（形容詞）燦爛的
3.（名詞）驗屍官
4.（名詞）懊悔、自責
5.（形容詞）決絕的、堅決的
6.（動詞）怒吼着
7.（名詞）悲劇

**直排**

8.（副詞）生氣地

## ❷ 看圖組字遊戲

試依據每題的圖片或文字組合成中文單字。

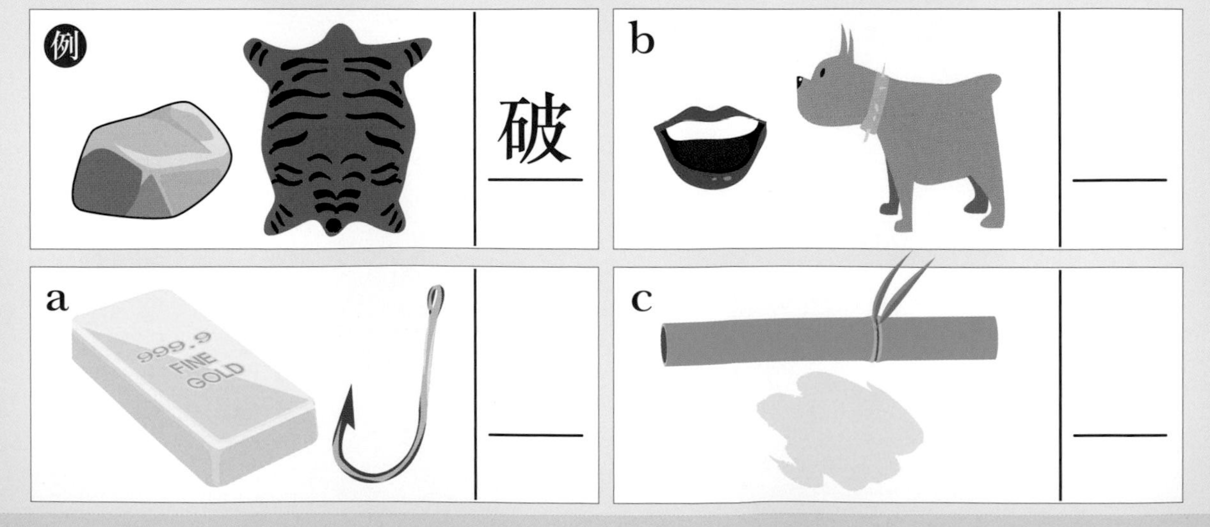

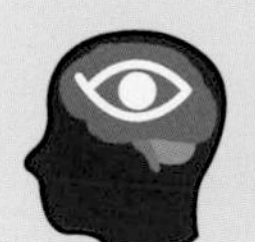

# 眼力題

## ③ 找錯處

請根據左圖，在右圖找出 7 個不同之處。

## ④ 「五」在哪裏？

在下面的英文字中，你找到多少個「五」？

| | | | | | | | |
|---|---|---|---|---|---|---|---|
| V | F | I | E | F | I | V | V |
| I | E | V | V | F | E | I | F |
| V | I | F | I | V | F | E | I |
| E | V | E | V | E | V | I | V |
| I | E | V | F | E | I | F | E |

答案

1.

| | | | | | | | | | | | |
|---|---|---|---|---|---|---|---|---|---|---|---|
| | | | ⑧ | | | | | | | | |
| | | ① | T | U | C | K | | | | | |
| | | | ② | R | A | D | I | A | N | T | |
| | | | ③ | C | O | R | O | N | E | R | |
| ④ | R | E | M | O | R | S | E | | | | |
| | | | ⑤ | R | E | S | O | L | U | T | E |
| | ⑥ | G | R | O | W | L | | | | | |
| ⑦ | T | R | A | G | E | D | Y | | | | |

2. a. 鈎　b. 吠　c. 簧

3.

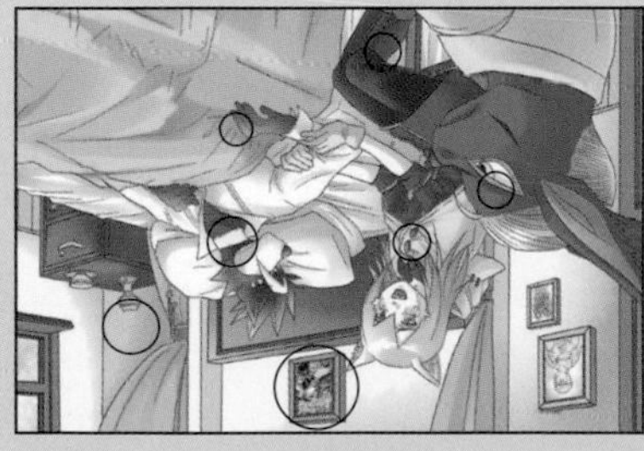

4.
13 個。
英文字 FIVE 雖然只出現過一次（最右直行），但代表羅馬數字「五」的「V」出現了 12 次，所以有 13 個。

# SHERLOCK HOLMES

大偵探福爾摩斯

## The Dancing Code ⑥

**Sherlock Holmes**
London's most famous private detective. He is an expert in analytical observation with a wealth of knowledge. He is also skilled in both martial arts and the violin.

Author: Lai Ho
Illustrator: Cheng Kong Fai / Lee Siu Tong
Translator: Maria Kan

**Watson**
Holmes's most dependable crime-investigating partner. A former military doctor, he is kind and helpful when help is needed.

Previously : Fatal gunshots were fired at Cubitt's home. From his investigation, Holmes learnt that the killer was a New York mobster named Abe Slaney who was now hiding inside a kung fu school in Mongkok. Together with Watson and Teigen, Holmes went to the neighbourhood where the kung fu school was located to lure out the villain…

## Luring out the Villain ②

"You're right. What do you suggest we do then?"

"I'll write him a note and ask him to come out."

"What?" exclaimed Watson and Teigen in disbelief.

"Don't you remember? I've mastered the stick figure code," said Holmes. "Abe Slaney fired a gunshot in the dark last night and he didn't even take the money before he fled. His *hastened* departure means that he probably isn't aware of Elsie's suicide attempt. If I were to send him a stick figure message in Elsie's name, he would definitely come out of the kung fu school to meet with her. Once he is out on the street, we can do whatever we want."

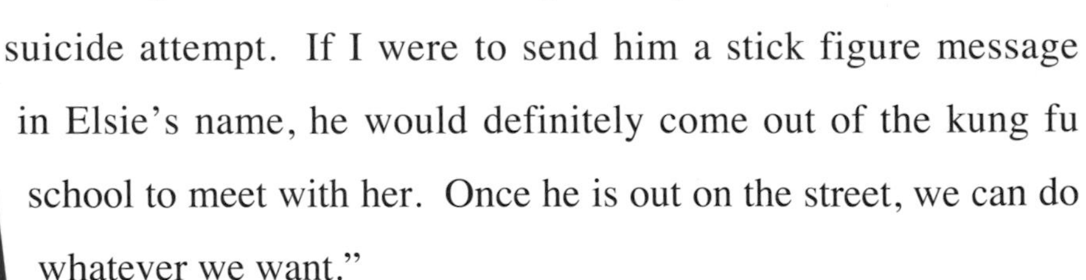

"That's a clever plan!" praised Teigen.

The three men then went into a nearby restaurant and pretended to sit down for a meal. Holmes asked to borrow a sheet of paper and drew 14 stick figures on the paper. He then gave a few dollars to a waiter and asked him to deliver

Glossary hastened (形) 急忙的、匆匆的

the note to the kung fu school.

"Remember to say that the message is from Miss Elsie," instructed Holmes to the waiter.

As soon as the waiter stepped out of the restaurant, the three men followed behind the waiter until he reached the kung fu school and handed the note to someone at the school. The three men then hid behind a corner of a nearby dark alley in wait for Slaney to come out from the school.

Sure enough, less than 10 minutes after the message reached the kung fu school, a **muscular** middle-aged man quickly stepped out of the school.

Holmes gave a signalling glance to Watson and Teigen then quietly walked up to the middle-aged man from behind and put his hand on the man's shoulder, "Abe Slaney! Aren't you supposed to be in New York? What are you doing here?"

The startled man quickly turned around.

"Abe! It's me! Remember me?" said Holmes with a big smile on his face. "We had dinner once at a restaurant in Chinatown, New York. That must be two years ago. Iron Crutch Lee introduced you to me. Have you forgotten already?"

The man seemed puzzled for a moment then said **crossly**, "You got the wrong man."

"I don't think so." Holmes took a step forward then pressed down his voice and said, "I know that the New York Police is looking for you. But don't worry. We're both players of the underworld. I won't sell you out."

The man's eyes were filled with **aggravation** upon hearing those words. He

**Glossary** muscular (形) 滿身肌肉的、身形魁梧的 crossly (副) 生氣地 aggravation (名) 不耐煩、惱怒

**gritted** his **teeth** and **growled** at Holmes in a low voice, "I said you got the wrong man. I don't have time for your nonsense."

"Have I really got the wrong man? I don't think so." Holmes pointed at the nasty scar on the man's left forearm and said with an icy chuckle, "I might not know your face but I can identify that scar for sure. Where is the message that Elsie wrote you? Or should I say, where is the message that I wrote you? Is it in your pocket, Mr. Lightning Abe?"

"What?" The surprised Slaney quickly reached his hand to his waist.

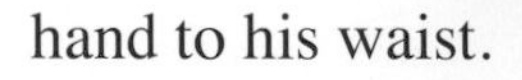

**In the blink of an eye**, Teigen was already standing behind Slaney. With his gun pointing at the back of Slaney's head, Teigen shouted, "Don't move or I'll shoot!" Slaney froze upon hearing Teigen's words and Holmes quickly **confiscated** the gun that was **tucked** in Slaney's waistband.

## Decoding the Message of the Stick Figures

When Slaney was taken to the police station's questioning room, he had refused to admit to any **wrongdoing** at first. However, after the **coroner** pulled the bullet out of Cubitt's body and found the **markings** on the bullet matched with Slaney's gun, Slaney had no choice but to tell the truth.

It turned out that Slaney was an **orphan**. He was brought up by Iron Crutch Lee and he grew up together with Elsie in Chinatown, New York. Before he passed

**Glossary** grit(ted) one's teeth (習) 咬牙切齒　growl(ed) (動) 怒吼着　in the blink of an eye (習) 瞬間　confiscate(d) (動) 沒收　tuck(ed) (動) 夾着、塞進　wrongdoing (名) 違法行為　coroner (名) 驗屍官　marking(s) (名) 槍膛線的痕跡、標記　orphan (名) 孤兒

away, Iron Crutch Lee had wanted Elsie to marry Slaney, but Elsie refused because she had always thought of Slaney as her brother and had no romantic feelings towards him. Then after Iron Crutch Lee's death, Elsie ran away from home, hoping to free herself from the **mobster family** that she so despised and break away from Slaney's **pestering** pursuit once and for all.

Soon after Elsie left home, Slaney killed a few members of his own gang and was wanted by the police. While he was on the run, he found out that Elsie had gone to Hong Kong, so he wrote her a letter to tell her that he was heading to Hong Kong to bring her back home and make her his wife. One month later, he made his way to Hong Kong as a **stowaway**. Even though he was thousands of miles away from New York, he was still a wanted criminal. He needed to be inconspicuous and not attract any attention, so he sent messages to Elsie in the stick figure codes that were regularly used for secret communication within the gang. Apparently, Iron Crutch Lee was inspired by kung fu manuals when he came up with this secret coding system.

Elsie was **unwavering** in her refusal to meet with Slaney. She even replied him with a stick figure drawing on the wall of the shed that spelled out the word 'NEVER'. Filled with anger upon seeing her message, Slaney tossed a paper aeroplane to her garden with a final warning message written inside. What happened after was just as Holmes had deduced. Elsie sent a message back to Slaney, instructing him to meet her by the study's window at 3 a.m., telling him that she would give him 500 U.S. dollars in return for her freedom from her former life.

The study's window was open when Slaney arrived at the garden. He could see

**Glossary** mobster family (名) 黑幫家族　pestering (名) 糾纏、滋擾　stowaway (名) 偷渡者
unwavering (形) 毫不動搖的

Elsie standing inside the house. Just when he was about to reach for the money, a black shadow suddenly appeared and fired a gunshot at him, but he was quick enough to pull out his gun right away and shoot at the shadow too.

"Gunshots fired in the middle of the night were especially loud, so I had to flee the scene at once. I have no idea that I've killed a man, and I certainly have no clue that Elsie would turn the gun to herself. If I had known this would happen, I wouldn't have come over to find her," said Slaney regretfully.

"It's too late for **remorse** now," said Teigen coldly. "Prepare to suffer for your own sins."

Holmes and Watson stepped out of the questioning room after the truth was revealed. However, Watson still did not understand how Holmes managed to crack the stick figure code.

"Cracking the code wasn't that complicated, actually," said Holmes. "Once I realised that each stick figure stood for a letter of the English alphabet, deciphering the messages became pretty straightforward."

"Really? But you still needed to figure out which stick figure stood for which particular letter. The difficulty in that task is **unthinkable** to me."

"It's not that difficult if you know about the pattern of letters in words. In English, the letter E appears most frequently, even in short phrases. When I saw the first drawing of 15 stick figures, I noticed that four of the stick figures looked exactly the same, so I thought the repeating stick figure was very likely representing the letter E," explained

**Glossary** remorse (名) 懊悔、自責 unthinkable (形) 難以想像的

Holmes. "Moreover, words in written English are separated by spaces, so I had to look for a symbol that represented a separator. Within the 15 stick figures, I noticed that three of them were drawn with one hand holding a handkerchief. That handkerchief was obviously meant as a separator. From that, I knew that this drawing of 15 stick figures was actually a phrase with four words."

"That makes sense," said Watson. "Then how did you

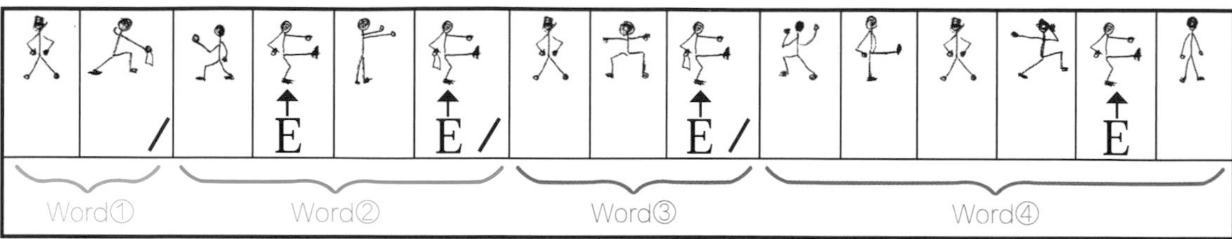


decode the other stick figures?"

"Letters used repeatedly in English in the order of frequency are T, A, O, I, N, S, H, R, D, L. But since the usage frequency of T, A, O, I are pretty much the same, I couldn't decode properly without more samples of drawings."

"That's why you asked Cubitt to bring you more drawings."

"Yes," said Holmes. "When he came to see us the second time, he brought over three more strips of paper. Two strips appeared to be short phrases. The remaining strip had only one word of five stick figures where two of the stick figures representing the letter E were the second and fourth letter of the word."

"A five-letter word with two E's as the second and fourth letter?" Watson thought for a moment then continued, "The most common words that I could think of are 'SEVER', 'LEVER' and 'NEVER'."

"Exactly," said Holmes. "In my analysis earlier, I had determined that this word must be Elsie's **resolute** reply to her intimidator, which led me to conclude that this stick figure drawing most likely spelled out 'NEVER'. With that, I was able to connect which stick figures stood for N, V and R."

"By then, you had already matched four stick figures to four letters, E, N, V, R."

| N | E | V | E | R |
|---|---|---|---|---|

"Yes, but that still wasn't enough," said Holmes. "I **speculated** that if the sender and receiver knew each other, their names would probably be mentioned in the messages. So the next thing I did was try to look for Elsie's name in the drawings. It was easier than I had expected, because I quickly found her name in the second paper strip."

"Oh, I get it!" said Watson. "The second word in that message

was a five-letter word beginning and ending with the letter E, which matched Elsie's name."

"Upon finding Elsie's name, I started to examine the letters in the first word of that message," said Holmes. "I had already determined that the mysterious sender must be an intimidator, so the word in the message before Elsie's name must be some sort of command. Since the word ended with the letter E, I made a guess that it could likely be the word 'COME'."

"That's brilliant!" praised Watson. "In addition to E, N, V, R, you had now also found the six stick figures that matched with the letters L, S, I, C, O, M!"

"Then I went back to the first drawing," said Holmes. "Besides the letter E, I could now fill in the letters, M, R, S, L and N."

**Glossary** resolute (形) 決絕的、堅決的　speculate(d) (動) 推測

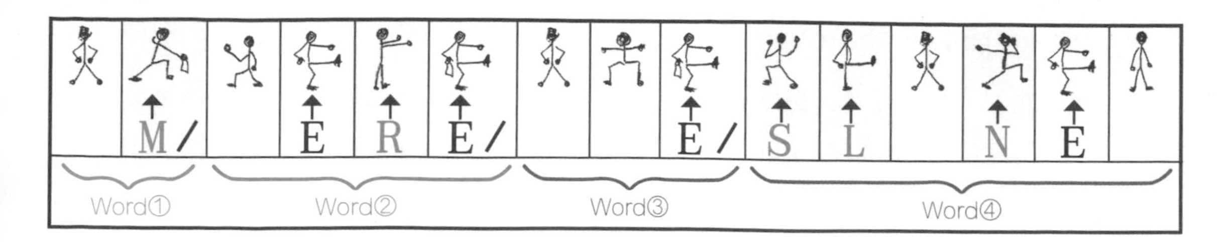


"The second word was '_ERE'. That could be the word 'HERE'," said Watson.

"That was my exact thought," said Holmes. "Moreover, the first word was a two-letter word ending with M. The answer was obviously 'AM'. I now knew that particular stick figure stood for A, and I was lucky to find the same stick figure repeating twice in that same message."

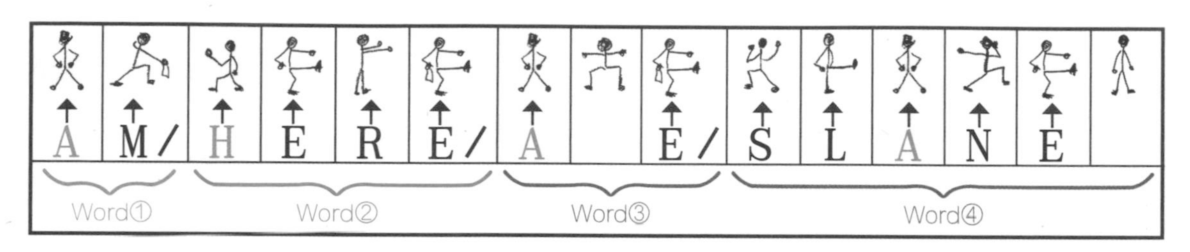


"'A_E' and 'SLANE_'? That had to be 'ABE SLANEY'!" The name rolled out of Watson's tongue without giving much thought.

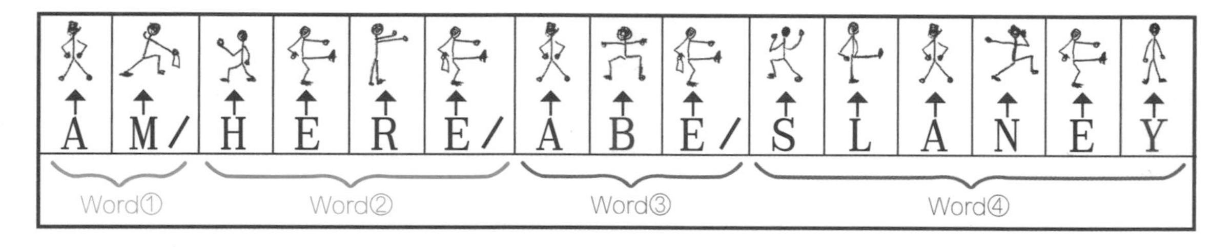


"Yes. The most common English given name and surname that would fit the blank spaces would be 'ABE SLANEY'," said Holmes. "That's why I sent the name to the New York Police via telegram right away to see if they had heard of him. It turned out Abe Slaney was wanted by the New York Police so they replied me with information on his background."

"I see."

"Besides the ten letters E, N, V, R, L, S, I, C, O, M, the stick figures that matched with the letters A, H, B, Y were also decoded at that point. With so many letters on hand,

I was able to spell out the message on the remaining paper strip."

"Amazing!" praised the utterly impressed Watson. "You started with only one stick figure representing the letter E, and through a **tenacious** process of deduction, you were able to decode all the messages! How amazing was that?"

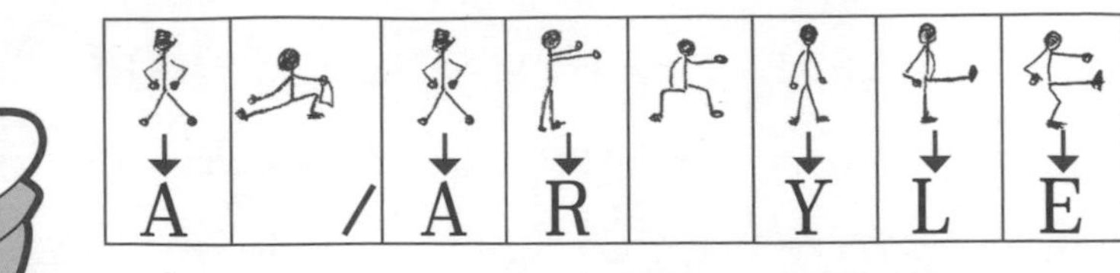


"It wasn't that amazing," said Holmes as he waved his hand in **nonchalance**. "Remember how I figured out that you had decided not to invest in the South African mines just by noticing the chalk on the left hand between your thumb and index finger? The two deduction processes were pretty much the same. I might have started with just one clue, but through considering other known information and deducing step by step, drawing to a logical conclusion wasn't difficult at all. What appeared to be complicated was actually rather straightforward."

"You made it sound so simple. I, for one, don't think I can do it."

"Even though the case is solved and the killer is caught, it's most unfortunate that I couldn't crack the code in time to prevent this **tragedy** from happening," said Holmes as he let out a deep sigh. "I'm so sorry that you've lost a good friend, Watson."

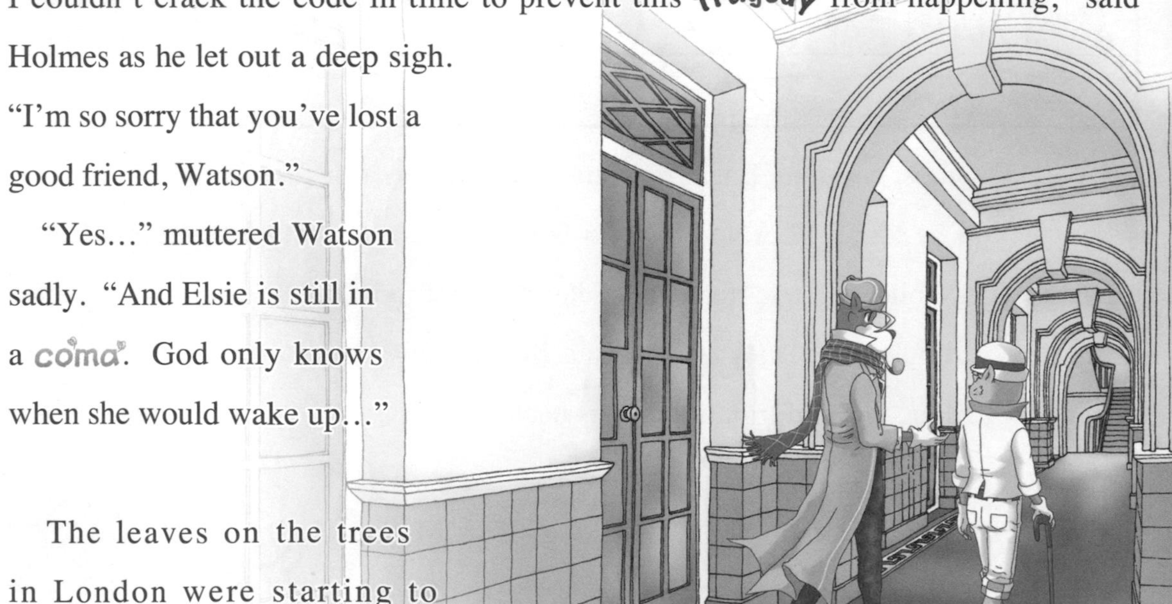

"Yes…" muttered Watson sadly. "And Elsie is still in a **coma**. God only knows when she would wake up…"

The leaves on the trees in London were starting to turn red when a letter from

Glossary tenacious (形) 鍥而不捨的 nonchalance (名) 若無其事 tragedy (名) 悲劇 coma (名) 昏迷狀態

Teigen reached Holmes and Watson. In the letter, Teigen wrote that Elsie was still unconscious in the hospital, but the doctor had discovered that she was actually three months pregnant.

The second letter from Teigen arrived on a day that snow was blowing wildly in the wind. Teigen wrote how it was a **miracle** that Elsie had finally woken up. She was very sad and devastated, but once she learnt of the baby growing inside her, she said she would never consider taking her own life again.

The ***radiant*** **azaleas** were in full bloom in the parks of London when another letter arrived from Teigen. This time he wrote, "Mrs. Cubitt has delivered her baby two months earlier than expected, but both mother and baby are doing fine. The little baby is very cute. From the look on Mrs. Cubitt's face when she is holding her baby, I can tell that the sadness in her is slowly fading away and the baby is giving her strength to carry on. Hope this brings peace to your minds."

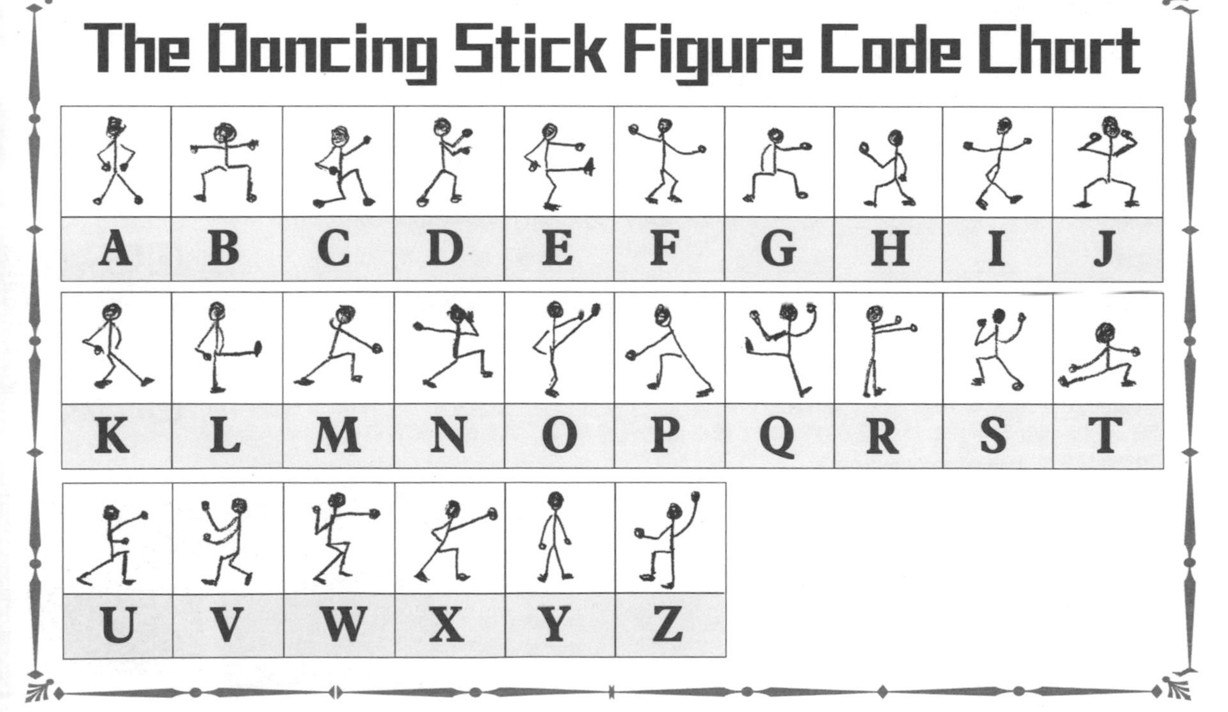


Next time on **Sherlock Holmes — The Blanched Soldier** is coming up on the next issue!

**Glossary** miracle (名) 奇蹟 radiant (形) 燦爛的 azalea(s) (名) 杜鵑花

*Merry Christmas to You!*

**ARTIST: KEUNG CHI KIT** **CONCEPT: RIGHTMAN CREATIVE TEAM**

冬天來了！

剛　剛

森巴!?幹嗎這麼早弄醒我？

喔!?是媽媽寄給我的包裹？　打　開

Hmm... Is it the latest game console ?

嗯……難道是最新款的遊戲機？

這是甚麼!?

噢

馬他他聖誕老人？

哇

嗯……還有張聖誕卡……

親愛的剛，還有數天就是聖誕節了，你會怎樣跟森巴慶祝？

為你送上馬他他共和國的聖誕老人像，希望你會喜歡。祝 聖誕節快樂！愛你的爸爸媽媽

砰— 哎呀！

哈 哈

Do not throw things around!

Especially a figurine of Santa Claus!

不准亂丟東西！ 還要丟聖誕老人像！

聖 誕 老 人 ？

吓？你不懂聖誕老人是誰嗎？ 不 懂

相傳在平安夜，有一個身穿紅衣、滿臉白鬍鬚的聖誕老人，
會坐着由馴鹿拉的雪橇，為所有小孩子送上禮物。

森巴想像圖

是 他 嗎　　吓!?　　嘎……聖誕快樂。　　砰—

你為何偷偷溜進我家!? 聖誕老人來派禮物不行嗎？ 我特別準備了一份厚禮給你們！ 嗖—

特別訂製的假牙！這個限量版還附送牙刷套裝！ 我又用不着!! 我的牙齒又潔白又整齊！看看吧！

呀！還有一件事！ 請慷慨捐款，多多益善！ 阿伯援助基金 你終於都露出真面目了……

森巴！帶阿伯出去！ 好

你做甚麼!?快點把它脫下!! 嗚~

轟一 吐

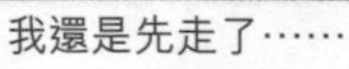
我還是先走了……

噢……

差點沒命……

剛才好像看見上帝和我說「你好」……

森巴！你又搞甚麼鬼!?

唏~

派 禮 物　　不行……

聖誕老人才會派禮物，小孩子要留在家裏等。

我 要 派

我 要　　發脾氣也沒用……

砰—　　我 要 !!

我認輸了……你去派吧……　　耶

你打算帶甚麼去派？很重啊！

你瘋了嗎!?這些全都是我的遊戲機!!　　嘻

要派就帶自己的東西去派！　　不可以拿別人的東西送人！　　哦……

還有……

禮物要用花紙包好，
收禮物的人才會有驚喜！

明白嗎？　　明　白

禮 物 森巴學習愈來愈快……

嗚!! 哎呀!! 吼!!

包 好 了　　　　　　　　　　　　　　　　　　　　　　　　嘩!!

送 給 你　　　　　　　　　　　　不……不用客氣了！　　　我留給其他人吧！

好……好恐怖的聖誕禮物…　　嗚一　　再見　再見

希望周圍的人沒事啦……　　出　發

唏

聖 誕 快 樂

吓!?

呵……

很暖呀……

派 完 了

還 有 你

救命呀~

聖 誕 老 人

嗨

我 幫 你

哇

呵呵呵~~~~

回 來 了 你終於回來了！ 朋 友 喔!?你帶了朋友回來？

Ma...
Matata
Santa
Claus!?
馬……馬他他聖誕老人!?
Afishapa!!
(Merry
Christmas!)
Afishapa!! (聖誕快樂！)
Merry Christmas!!
聖誕快樂!!
The end...
完……

# 兒童的學習 NO. 70

請貼上
$2.0郵票

香港柴灣祥利街9號
祥利工業大廈2樓A室
兒童的學習編輯部收

大家可用
電子問卷方式遞交

2021-12-15 ▼請沿虛線向內摺

請在空格內「✔」出你的選擇。

## 問卷

**有關今期內容**

**Q1：你喜歡今期主題「10位與福爾摩斯並肩的偵探」嗎？**
01□非常喜歡 02□喜歡 03□一般 04□不喜歡 05□非常不喜歡

**Q2：你喜歡小說《大偵探福爾摩斯——實戰推理短篇》嗎？**
06□非常喜歡 07□喜歡 08□一般 09□不喜歡 10□非常不喜歡

**Q3：你覺得SHERLOCK HOLMES的內容艱深嗎？**
11□很艱深 12□頗深 13□一般 14□簡單 15□非常簡單

**Q4：你有跟着下列專欄做作品嗎？**
16□巧手工坊 17□簡易小廚神 18□沒有製作

請沿實線剪下

讀者意見區

快樂大獎賞：
我選擇(A-I)

請沿實線剪下

只要填妥問卷寄回來，
就可以參加抽獎了！

感謝您寶貴的意見。

請在此部分塗上膠水。

## 讀者檔案

| 姓名： | 男 女 | 年齡： | 班級： |
|---|---|---|---|
| 就讀學校： | | | |
| 聯絡地址： | | | |
| 電郵： | 聯絡電話： | | |

你是否同意，本公司將你上述個人資料，只限用作傳送《兒童的學習》及本公司其他書刊資料給你？（請刪去不適用者）

同意/不同意　簽署：＿＿＿＿＿＿＿＿　日期：＿＿＿＿年＿＿＿月＿＿＿日

「收集個人資料聲明」可參看右頁

## 讀者意見

**A** 學習專輯：10位與福爾摩斯並肩的偵探

**B** 大偵探福爾摩斯——實戰推理短篇 黑色聖誕老人

**C** 快樂大獎賞

**D** 巧手工坊：福爾摩斯聖誕套娃

**E** 讀者信箱

**F** 簡易小廚神：聖誕麵包薄餅

**G** 食物Quiz

**H** 成語小遊戲

**I** 知識小遊戲

**J** SHERLOCK HOLMES：The Dancing Code⑥

**K** SAMBA FAMILY：Merry Christmas to You!

＊請以英文代號回答**Q5**至**Q7**

**Q5. 你最喜愛的專欄：**

第 1 位 19＿＿＿＿＿　第 2 位 20＿＿＿＿＿　第 3 位 21＿＿＿＿＿

**Q6. 你最不感興趣的專欄**：22＿＿＿＿＿　原因：23＿＿＿＿＿＿＿

**Q7. 你最看不明白的專欄**：24＿＿＿＿＿　不明白之處：25＿＿＿＿＿＿＿

**Q8. 你覺得今期的內容豐富嗎？**

26☐很豐富　27☐豐富　28☐一般　29☐不豐富

**Q9. 你從何處獲得今期《兒童的學習》？**

30☐訂閱　31☐書店　32☐報攤　33☐OK便利店

34☐7-Eleven　35☐親友贈閱　36☐其他：＿＿＿＿＿＿＿

**Q10. 你想收到甚麼聖誕禮物？（可選多項）**

37☐益智玩具　38☐拼圖遊戲　39☐積木模型　40☐公仔玩偶

41☐動漫周邊　42☐文具精品　43☐手工套裝　44☐運動用品

45☐兒童圖書　46☐糖果小吃　47☐補充練習　48☐不想收到

49☐其他：＿＿＿＿＿＿＿＿＿＿＿＿

**Q11. 你還會購買下一期的《兒童的學習》嗎？**

50☐會　51☐不會，請註明：＿＿＿＿＿＿＿＿

請在此部分塗上膠水。